AF451742

LE JOURNAL DE PHYSIQUE & LE RADIUM

Publication de la Société française de Physique

réunissant

<table>
<tr><td align="center">JOURNAL DE PHYSIQUE
THÉORIQUE ET APPLIQUÉE
FONDÉ EN 1872, PAR CH. D'ALMEIDA</td><td align="center">LE RADIUM
(RADIOACTIVITÉ, RADIATIONS, IONISATION)
FONDÉ EN 1904, PAR JACQUES DANNE</td></tr>
</table>

REVUE MENSUELLE

ABONNEMENTS D'UN AN : France, 65 fr.; Étranger, 80 fr.

(Pour l'année 1920, de juillet à décembre, les 6 numéros : France, 30 fr.; Étranger, 40 fr.)

LE NUMÉRO (64 à 96 pages). 8 francs

RÉDACTION : 10, RUE VAUQUELIN, PARIS (Vᵉ).

ADMINISTRATION : 12, PLACE DE LABORDE, PARIS (VIIIᵉ).

Avant la guerre, les physiciens disposaient, en France, de deux organes, intermédiaires, au point de vue de l'étendue et de la rapidité des publications, entre les *Comptes rendus des séances de l'Académie des Sciences*, d'une part, et les *Annales de Physique*, d'autre part. C'étaient le *Journal de Physique théorique et appliquée*, fondé en 1872 par J.-Ch. D'ALMEIDA, et *le Radium*, fondé par Jacques DANNE en 1914, ce dernier plus particulièrement consacré à la radioactivité et à l'étude des radiations.

La guerre vint paralyser le développement de ces publications; malgré tous les efforts de MM. E. Bouty et Amédée Guillet, le *Journal de Physique théorique et appliquée* ne put paraître que d'une façon irrégulière pendant ses dernières années. Quant à la revue *le Radium*, elle ne put reprendre sa publication qu'en 1919.

En juillet 1920, à la suite d'une entente patronnée par la Société française de Physique, paraissait sous le nom de *le Journal de Physique et le Radium*, une publication mensuelle résultant de la fusion du *Journal de physique théorique et appliquée* et de la revue *le Radium*.

RÉDACTION ET ADMINISTRATION

Directeur scientifique : M. P. LANGEVIN, professeur au Collège de France.

Directeur administratif : M. J. BLONDIN, professeur au Lycée Rollin, directeur de la *Revue générale de l'Électricité*.

Secrétaire de la Rédaction : M. L. BRILLOUIN, agrégé de l'Université, docteur ès sciences.

Comité de Direction : MM. P. LANGEVIN, Léon BLOCH, G. DANNE, A. GUILLET.

Commission de Rédaction : MM. H. ABRAHAM, Léon BLOCH, J. BLONDIN, E. BOUTY, M. BRILLOUIN, M. DE BROGLIE, A. COTTON, Mᵐᵉ P. CURIE, MM. G. DANNE, G. DARZENS, L. DUNOYER, Ch. FABRY, Ch.-Ed. GUILLAUME, A. GUILLET, P. LANGEVIN, Ch. MAURAIN, J. PERRIN, RUTHERFORD, P. WEISS.

Collaborateurs pour les Analyses : MM. AUBERT, BANCELIN, BARTOSZEWSKI, BAUER, BOLL, BOSLER, L. DE BROGLIE, BRUHAT, BRUNINGHAUS, CABANNES, CANAC, CHEVALLIER, CLERC, COURTINES, CROZE, DARBORD, DAUVILLIER, DÉJARDIN, DUCLAUX, FOCH, FOEX, FORTRAT, FOURNEAU, FRIC, P. GIRARD, P. DE LA GORCE, GUTTON, HENRIOT, HOLLARD, HOLWECK, P. JOB, JOUAUST, LABROUSTE, LEROLLAND, LEVAILLANT, LUGOL, MARCELIN, MAUGUIN, MERCIER, PAUTHENIER, REBOUL, RIBAUD, ROSSIGNOL, SALLES, SAPHORES, SÈVE, SOURY, TOURNIER, TOUVY, VILLEY, VIMEUX, WOLFERS, WOURTZEL, WURMSER.

CONFÉRENCES-RAPPORTS
de documentation
SUR LA PHYSIQUE

Organisées avec le patronage du Collège de France, du Muséum d'Histoire naturelle, de la Faculté des Sciences de Paris, de la Direction des Recherches et Inventions, de l'Institut d'Optique, de la Société française de Physique, de la Société de Chimie-Physique, de la Société française des Électriciens, de la Société de Navigation aérienne.

Les Conférences-Rapports ont pour but de donner des exposés critiques, détaillés, des travaux modernes sur les questions les plus importantes de la *Physique* et des Sciences connexes : Chimie-Physique, Radioactivité, Astro-Physique, Électrotechnique et leurs applications.

Chaque question fait l'objet de plusieurs conférences et d'un Rapport correspondant. Les conférences sont publiques. Elles sont destinées aux scientifiques, aux techniciens et aux étudiants désireux de se mettre au courant des recherches récentes, ainsi qu'à toutes les personnes s'intéressant à la Physique.

Chaque Rapport est publié en un volume contenant l'exposé des conférences, avec des développements supplémentaires et une documentation théorique et expérimentale aussi étendue que possible.

L'ensemble des différents volumes constitue un Recueil vendu par abonnement. Chaque volume est aussi vendu séparément.

L'organisation et la publication des Conférences-Rapports sont placées sous la direction d'un *Comité scientifique* ainsi constitué.

Président : M. Marcel BRILLOUIN, membre de l'Institut, professeur au Collège de France.

Membres : Mme P. CURIE, membre de l'Académie de Médecine, professeur à la Faculté des Sciences de Paris.

MM. ABRAHAM, professeur à la Faculté des Sciences de Paris ; J. BECQUEREL, professeur au Muséum d'Histoire naturelle ; COPAUX, professeur à l'Ecole de Physique et de Chimie ; COTTON, professeur à la Faculté des Sciences de Paris ; DARZENS, professeur à l'Ecole polytechnique ; A. DEBIERNE, chargé de conférences à la Faculté des Sciences de Paris ; MAURICE DE BROGLIE ; DE GRAMONT DE GUICHE ; DUNOYER, secrétaire général de la Société française de Physique ; FABRY, professeur à la Faculté des Sciences de Paris ; MAURICE LEBLANC fils, secrétaire général de la Société française des Électriciens ; P. LANGEVIN, professeur au Collège de France ; CH. MARIE, secrétaire général de la Société de Chimie-Physique ; MAURAIN, professeur à la Faculté des Sciences de Paris ; J. PERRIN, professeur à la Faculté des Sciences de Paris ; RATEAU, membre de l'Institut.

Pour tous les renseignements sur l'organisation et la rédaction des Conférences-Rapports, s'adresser à M. A. Debierne, Institut du Radium, 1, rue Pierre-Curie, 5e. Le Recueil des Conférences-Rapports est édité par la Société *Journal de Physique.*

ABONNEMENT par série de 20 conférences (1re série, 8 volumes) : *France,* **80** fr. ; *Étranger,* **90** fr.

VENTE PAR VOLUME SÉPARÉ. Le prix de chaque volume est calculé sur la base de 5 francs par conférence, soit 15 francs pour un volume correspondant à 3 conférences et 10 francs pour un volume correspondant à 2 conférences.

Pour la vente et l'abonnement, s'adresser au dépositaire.

PREMIÈRE SÉRIE DES CONFÉRENCES-RAPPORTS

LES

PHÉNOMÈNES THERMIONIQUES

RECUEIL DES CONFÉRENCES-RAPPORTS
DE DOCUMENTATION
SUR LA PHYSIQUE

Volume 4.   1re Série. --- Conférences 9, 10

Eugène BLOCH

Maître de Conférences à la Faculté des Sciences de Paris

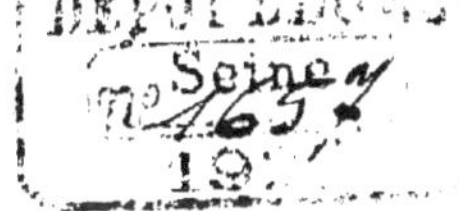

LES PHÉNOMÈNES THERMIONIQUES

ÉDITÉ PAR LA SOCIÉTÉ "JOURNAL DE PHYSIQUE"

DÉPOSITAIRE :

LES PRESSES UNIVERSITAIRES DE FRANCE

49, Boulevard Saint-Michel, PARIS (Ve)

—

1923

EUGÈNE BLOCH

LES

PHÉNOMÈNES THERMIONIQUES

On donne le nom de phénomènes thermioniques aux phénomènes de conductibilité électrique qui se manifestent dans le voisinage des corps portés à une température suffisamment élevée. Ces phénomènes, découverts dès le XVIIIᵉ siècle, n'ont commencé à faire l'objet d'une étude approfondie qu'au milieu du XIXᵉ. Malgré d'intéressants efforts, les résultats sont restés très incomplets jusque vers 1895, époque à laquelle s'est développée la théorie des ions dans les gaz. Cette théorie ayant fourni, sous l'impulsion de J. J. Thomson et de ses élèves, le fil directeur qui manquait aux recherches expérimentales, les progrès ne tardèrent pas à devenir très rapides. Depuis un quart de siècle, nos connaissances théoriques et pratiques sur les phénomènes thermioniques se sont développées sans arrêt, les applications ont suivi les recherches de laboratoire, et, parmi les plus importantes, nous citerons : le perfectionnement des arcs électriques, la production intense et régulière des rayons X, le redressement des courants alternatifs, surtout les lampes à trois électrodes qui viennent de révolutionner la télégraphie et la téléphonie sans fil, et de nous apporter en même temps un intrument précieux d'investigation et de mesure dans les domaines les plus variés de l'électricité.

Le sujet que nous nous proposons de traiter est donc devenu très vaste, ce qui ne l'empêche pas d'être resté difficile. Nous avons affaire en effet à un phénomène *superficiel*, et l'on sait, par l'exemple de la capillarité ou de certaines propriétés optiques des surfaces, combien ces phénomènes sont sensibles aux moindres traces d'impuretés. Celui que nous allons étudier possède ce caractère à un degré peut-être plus élevé que tous les autres, et cette remarque permet de comprendre une partie des difficultés et même des contradictions qui ont été rencontrées au cours des recherches faites pour l'élucider. Malgré l'accumulation des expériences, ce n'est que dans ces dernières années, par suite des progrès dans la technique du vide et dans la fabrication des filaments incandescents, que les physiciens ont pu arriver, dans ce domaine, à un certain nombre de faits simples solidement établis. Les constantes numériques restent encore imprécises, et le détail des résultats aura besoin d'être revu de très près. La confusion apparente de certaines parties de notre exposé sera une conséquence de cette situation de fait : nous ne sommes pas en présence d'une question bien débrouillée, susceptible d'une exposition logique et bien enchaînée. Mais cette cause d'obscurité est aussi une cause d'intérêt. Les physiciens de laboratoire pourront encore trouver ici de nombreux problèmes dignes d'exercer leur sagacité, et méritant une exploration plus complète.

Je terminerai cette courte introduction en donnant quelques indications bibliographiques. Je citerai d'abord le remarquable livre de O. W. Richardson, intitulé *The Emission of electricity from hot bodies* (1), dont la seconde édition (1921) représente la mise au point la plus récente et la plus complète que nous possédions. J'ai tiré le plus large parti de cet ouvrage, dont la documentation est très approfondie, et où la plupart des références bibliographiques sont signalées et mises en œuvre. J'ai pu faire état aussi de certaines publications récentes, surtout américaines (2), et l'on trouvera au bas des pages les indications bibliographiques sur les points de détail les plus importants.

---

(1) Ce livre sera désigné, pour abréger dans ce qui va suivre, par *Émission*.

(2) Un récent procès entre la *General Electric Company*, représentée par Irwing Langmuir, et la *Western Company*, représentée par Arnold, a été l'occasion de la publication de dépositions détaillées des deux adversaires. J'ai pu utiliser celle de LANGMUIR (*Langmuir's Record*, 1919), qui contient de nombreux résultats en partie nouveaux.

CHAPITRE PREMIER

HISTORIQUE

Avant d'aborder l'exposé de la question sous la forme où elle se pose actuellement, nous commencerons par quelques indications historiques [1].

Dès le XVIIIe siècle, plusieurs expérimentateurs avaient signalé la conductibilité électrique de l'air au voisinage des solides chauffés. Mais le premier travail d'ensemble sur ce sujet semble être celui de E. Becquerel [2], publié en 1853 : ce savant constata, entre autres choses, qu'il suffisait d'une différence de potentiel de quelques volts pour faire passer un courant mesurable au galvanomètre à travers l'air chauffé au rouge entre électrodes de platine. En 1873, Guthrie [3] signala le fait suivant : une boule de fer portée au rouge sombre perd beaucoup plus facilement une charge électrique positive qu'une charge négative. Cette dissymétrie n'a été que le premier exemple de nombreux faits analogues découverts depuis dans bien des domaines. En 1881, Blondlot [4], reprenant les expériences de Becquerel, put faire passer à travers un gaz chauffé des courants mesurables à l'électromètre avec des tensions de l'ordre des millièmes de volts seulement. Il constata en même temps que les courants recueillis ne satisfaisaient pas à la loi d'Ohm.

Une longue et intéressante série d'expériences fut faite de 1882 à 1889 par

<hr>

[1] Voir à ce sujet le livre bien connu de J. J. Thomson sur la *Conductibilité des gaz*, dont la seconde édition date de 1904 et a été traduite en français (Paris, Gauthier-Villars). Voir aussi le livre de Richardson cité plus haut. Plusieurs des mémoires fondamentaux les plus anciens ont été réunis dans les deux volumes publiés par la Société Française de Physique, sous la direction de MM. Abraham et Langevin, et intitulés *Ions, Électrons et Corpuscules*.

[2] E. Becquerel, *Ann. de Chimie et de Phys.*, 39, p. 355, 1853.

[3] Guthrie, *Phil. Mag.*, 46, p. 257, 1873.

[4] Blondlot, *Comptes rendus*, 92, p. 870, 1881 ; 104, p. 283, 1887.

Elster et Geitel [1]. Ces auteurs chauffaient un fil métallique par le passage d'un courant électrique au voisinage d'une électrode froide. Le fil était chargé positivement ou négativement dans un gaz dont on pouvait faire varier la pression, et un électromètre relié à l'électrode froide permettait de suivre la vitesse de sa charge à travers le gaz. On constate ainsi que, dans la plupart des cas, le courant passe plus facilement aux températures relativement basses quand le fil est chargé positivement que quand il est négatif. Le transport des charges négatives devient aussi facile que celui des charges positives aux températures moyennes. Enfin aux températures les plus élevées, ce sont les courants négatifs qui prédominent de beaucoup. Ces résultats furent confirmés quelques années après par Branly [2] qui étudiait la vitesse de déperdition de l'électricité d'un corps froid placé dans le voisinage d'un fil chauffé.

C'est vers la même époque qu'Edison [3] signala une observation qu'il avait faite sur les lampes à incandescence à filaments de carbone, et qui a été la première expérience d'émission thermionique aux vides élevés. Il avait placé dans l'ampoule d'une lampe à incandescence une électrode auxiliaire disposée entre les deux branches du filament et à égale distance. Puis, alimentant la lampe par une source à tension continue, il intercala un galvanomètre entre l'électrode auxiliaire et l'une ou l'autre des extrémités du filament. Il observa ainsi des courants très inégaux, le courant le plus intense de beaucoup étant obtenu quand le galvanomètre est en relation avec l'extrémité négative du filament. Cette curieuse expérience, connue sous le le nom d'*effet Edison*, ne devait être interprétée complètement que plusieurs années après. Cette interprétation fut en partie l'œuvre de Preece [4] et de Fleming [5]. Ce dernier remarqua que l'expérience d'Edison pouvait être utilisée pour redresser un courant alternatif, et construisit à cette occasion la *valve de Fleming*, prototype des redresseurs thermioniques modernes. Il songea même dès cette époque à en faire l'application à la détection des ondes hertziennes, qui venaient de faire leur apparition en télégraphie sans fil.

Les travaux dont il vient d'être question restèrent l'œuvre de chercheurs

(1) ELSTER et GEITEL, *Annalen der Physik*, 16, p. 193, 1882 ; 19, p. 588, 1883 ; 22, p. 123, 1884 ; 26, p. 1, 1885; 31, p. 109, 1887 ; 37, p. 315 1889 ; *Wiener Berichte*, 97, p. 1175, 1889.

(2) BRANLY, *Comptes rendus*, 94, p. 1531, 1892.

(3) EDISON, *Ions, Électrons et Corpuscules*, p. 183.

(4) PREECE, *Proc. Royal Society*, 38, p. 219, 1885.

(5) FLEMING, *Ibid.*, 47, p. 118, 1890 ; *Phil. Mag.*, 42, p. 52, 1896.

isolés, et le lien qui les unissait n'apparut clairement que quelques années plus tard, lorsque, sous la puissante impulsion de J. J. Thomson et de ses élèves, on vit se développer, vers 1895, la théorie aujourd'hui classique des ions dans les gaz. Grâce à cette théorie les progrès expérimentaux, jusque-là irréguliers, purent devenir rapides.

D'après cette théorie, tous les cas usuels de conductibilité gazeuse sont dus à un mécanisme unique, celui du transport de charges par ions positifs et négatifs distincts animés chacun de leur vitesse propre, et possédant leur charge et leur masse caractéristiques. De ce point de vue, il devenait nécessaire de démontrer d'abord que la conductibilité électrique au voisinage des corps chauffés est due elle aussi à des ions et d'étudier leur nature.

Le premier problème fut résolu par les expériences de Mac Clelland ([1]) qui inaugurent, en quelque sorte, dans la question qui nous occupe, la période moderne. Mac Clelland, faisant passer un courant d'air sur un fil de platine porté au rouge, montra que le gaz entraîné était conducteur et prouva l'existence d'une ionisation en construisant la courbe de saturation et en montrant que le courant ne pouvait pas dépasser une certaine limite. Il réussit aussi à mesurer la mobilité des ions formés et retrouva, sous une forme plus quantitative, les dissymétries entre charges des deux signes qui avaient été observées antérieurement par Elster et Geitel.

Pour élucider la nature des ions produits, J. J. Thomson ([2]) réalisa, presque à la même époque, une expérience célèbre, l'expérience dite « des cycloïdes », dont l'importance historique est telle que nous allons en rappeler rapidement le principe. Considérons deux plateaux métalliques parallèles capables de créer dans le vide un champ électrique uniforme. Au voisinage immédiat de l'un de ces plateaux, A, se trouve installé un filament de carbone parallèle à ce plateau, et capable d'émettre, quand il est porté à une vive incandescence, des charges négatives. Ces charges seront recueillies par l'autre plateau B, si son potentiel surpasse suffisamment celui de A. Le courant ainsi créé est mesuré avec un électromètre. Superposons maintenant au champ électrique un champ magnétique parallèle au filament. Les trajectoires des particules négatives vont se trouver modifiées, et tendent à prendre la forme de cycloïdes. Tant que le champ magnétique n'est pas assez intense, l'incurvation des trajectoires n'empêche pas les particules négatives de parvenir au plateau B, et le courant mesuré à l'électromètre ne change pas. Mais si l'on augmente progressivement le champ magnétique, il arrive un moment où le sommet de la cycloïde décrite par l'ion négatif reste en deçà du plateau B.

([1]) Mac Clelland, *Phil. Mag.*, 46, p. 29, 1899.

([2]) J. J. Thomson, *Philosophical Magazine*, 48, p. 547, 1899.

L'ion revient alors vers le plateau A, et le courant recueilli par B baisse brusquement. On conçoit aisément que si l'on détermine avec exactitude le champ magnétique critique à partir duquel cette brusque décroissance se produit, on pourra en déduire des renseignements précis sur les propriétés mécaniques ou électriques des charges négatives émises par le filament incandescent. Le calcul exact de l'expérience conduit à la relation

$$\frac{e}{m} = \frac{2}{d} \times \frac{X}{H^2},$$

dans laquelle e et m désignent la charge et la masse de l'ion négatif, X et H les intensités du champ électrique et du champ magnétique critique, d la distance des deux plateaux. On peut, de cette relation, déduire le rapport $\frac{e}{m}$ puisque les autres grandeurs sont données par l'expérience. Le résultat obtenu a été $0{,}87 \times 10^7$ unités électromagnétiques. Il n'est que la moitié de celui que l'on obtient pour les électrons ou corpuscules cathodiques, et dont la valeur actuellement admise est $1{,}77 \times 10^7$. Malgré cette différence, les erreurs expérimentales possibles de la méthode de J. J. Thomson étaient telles, que ce savant n'a pas hésité à admettre dès cette époque l'identité des particules négatives émises dans le vide par les fils incandescents et des corpuscules cathodiques des tubes à vide. Cette vue a été largement confirmée par les expériences ultérieures. Déjà en 1904, Wehnelt [1] trouvait, en utilisant comme source un filament chauffé et recouvert de chaux, et en modifiant convenablement la méthode de J. J. Thomson, le nombre $1{,}4 \times 10^7$. Plus récemment encore l'étude soignée des phénomènes thermioniques a permis comme nous le verrons d'obtenir des nombres beaucoup plus précis, dont l'accord quantitatif avec le nombre classique est tout à fait satisfaisant.

Il n'y a donc aucune raison de douter aujourd'hui que les particules négatives émises à haute température dans le vide par les corps incandescents ne soient identiques aux électrons négatifs. Aux températures plus basses, il pourra y avoir également émission d'ions positifs, qui sont, eux, comme nous le verrons, de dimensions atomiques.

(1) WEHNELT, *Annalen der Phys.*, 11, p. 425, 1904.

CHAPITRE II

GÉNÉRALITÉS SUR LES DISPOSITIFS EXPÉRIMENTAUX

L'appareil type dont on s'est toujours servi dans l'étude des phénomènes thermioniques est représenté par la figure 1. Le conducteur incandescent est, dans cette figure, représenté par un fil A B, qui peut être chauffé au rouge par le passage d'un courant électrique. Les connexions, soudées au fil et à l'ampoule de verre extérieure, qui servent à l'arrivée et au départ du courant de chauffage, doivent avoir une résistance négligeable par rapport à celle du filament. Dans le voisinage du filament est placée une électrode froide, représentée ici par un cylindre coaxial. Une tubulure soudée à l'ampoule permet d'y faire le vide ou d'y introduire un gaz de nature et de pression connues.

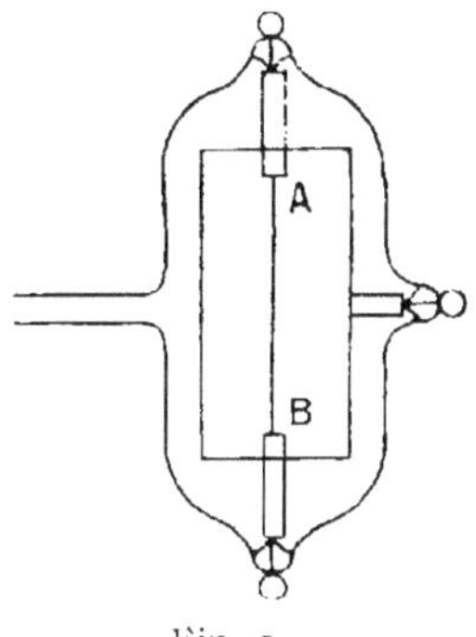

Fig. 1.

1. — Il est d'abord nécessaire de porter le fil à une température connue et exactement réglable. La constance de la température doit être réalisée avec un soin particulier : nous verrons en effet que les phénomènes thermioniques varient avec une extrême rapidité en fonction de la température, et ce n'est pas là une des moindres difficultés que l'on rencontre dans ces expériences. Il y aura en général avantage à constituer le filament incandescent par une substance aussi réfractaire que possible, afin d'accroître l'intervalle de température utilisable et aussi de faciliter le nettoyage du filament (voir ci-dessous). Dans les expériences relativement anciennes, on utilisait fréquemment le platine, qui fond à 1.755 degrés et peut subir grâce à son inaltérabilité un nettoyage par les agents chimiques les plus actifs. Le carbone, plus altérable, mais beaucoup plus réfractaire, a donné lieu aussi, dans les débuts, à de nombreux essais.

Depuis quelques années, on s'est attaché de préférence à l'étude des métaux les plus réfractaires, tels que l'iridium (point de fusion, 2.300 degrés), le molybdène (point de fusion 2.535 degrés), la tantale (point de fusion 2.780 degrés), surtout le tungstène (point de fusion 3.270 degrés). La détermination exacte de la température du filament est un problème assez difficile. La méthode la plus employée consiste à utiliser le fil incandescent lui-même comme thermomètre, et à déduire sa température de sa résistance. Un étalonnage préalable est fait avec un fil identique à celui qui sera mis en expérience et la méthode du pont de Wheatstone donne toute la sensibilité désirable. Cette méthode serait tout à fait satisfaisante, si la température du filament incandescent était uniforme. Malheureusement les connexions relativement volumineuses qui servent à l'arrivée et au départ du courant de chauffage refroidissent le filament vers ses extrémités, de sorte que la méthode ne fournit qu'une température moyenne, qui peut différer assez notablement de la température au point le plus chaud. Le seul remède à cette difficulté consiste à utiliser un filament suffisamment long pour que la perturbation des bouts soit à peu près négligeable.

On a proposé aussi de mesurer la température locale en divers points du fil par contact avec un couple thermoélectrique de masse aussi réduite que possible. Ce procédé ne peut donner satisfaction que pour des filaments assez gros pour que le refroidissement local provoqué par la présence du couple n'entre pas en ligne de compte.

Enfin de bons résultats paraissent avoir été obtenus dans ces dernières années par Langmuir et ses collaborateurs en utilisant une méthode optique. Une étude préliminaire a permis de trouver empiriquement la loi de variation de l'éclat d'un fil de tungstène chauffé avec la température. Cette loi empirique permet, inversement, de déduire la température en un point du filament de la simple observation de son éclat intrinsèque.

2. — Le second problème technique qui se pose dans l'étude des phénomènes thermioniques est la réalisation d'une pression gazeuse connue et la mesure de cette pression. En particulier il est indispensable de pouvoir vider aussi complètement que possible l'ampoule en expérience afin de se mettre à l'abri des perturbations qui peuvent provenir des gaz résiduels. L'importance de ces perturbations n'est apparue clairement que dans les recherches les plus modernes, et leur élimination n'a pu être obtenue qu'en mettant en œuvre tous les progrès de la technique du vide. La réalisation des vides élevés est aujourd'hui relativement facile, grâce aux appareils perfectionnés à grand débit comme la pompe moléculaire de Gaede et la pompe à vapeur de mercure de Langmuir. Si les tubes de connexions entre ces appareils et

l'ampoule à vider sont assez larges, on atteint avec une extrême rapidité des vides très inférieurs à un micron de mercure.

Mais il ne suffit pas de faire le vide ; il faut le conserver pendant toute la durée des expériences, même quand le filament est porté au rouge et que l'ampoule elle-même prend une température assez élevée. A cet effet, il faut d'abord interposer entre la pompe et l'ampoule à vider un tube en U plongé dans l'air liquide : on condense ainsi la vapeur de mercure et la vapeur d'eau qui pourraient sans cela pénétrer dans l'ampoule. D'autre part le fil doit être porté à l'incandescence progressivement pendant le fonctionnement même de la pompe, afin de le purger des gaz occlus. L'ampoule de verre elle-même doit être, pendant un temps de l'ordre de l'heure, portée à une température au moins égale à 300 degrés, afin d'en extraire tous les gaz dissous ou occlus, tout particulièrement la vapeur d'eau. Dans certains cas, il est même nécessaire d'élever encore plus haut la température de l'ampoule pour éviter que son ramollissement sous la pression atmosphérique ne risque de la déformer, on peut, à l'exemple de Langmuir et de Richardson, la chauffer dans une étuve spéciale qui peut elle-même être vidée d'air, et atteindre ainsi sans danger une température au moins égale à 350 degrés.

Enfin il est indispensable de purger de ses gaz le cylindre destiné à servir d'anode, et dont la température, au cours des mesures, restera relativement peu élevée. A cet effet, le filament étant chauffé au rouge, on l'utilise comme cathode dans une décharge électrique, en prenant le cylindre comme anode : la tension appliquée doit être de l'ordre de 1.000 volts. Les corpuscules cathodiques émis par le filament et accélérés par le champ viennent céder leur énergie cinétique au cylindre anodique et le portent rapidement au rouge. Il en résulte un dégagement gazeux qui fait apparaître dans l'ampoule une lueur bleue, signe de l'ionisation par chocs et par suite de la présence du gaz. On interrompt au besoin temporairement le bombardement corpusculaire de l'anode, pour laisser à la pompe le temps d'évacuer les gaz dégagés et éviter la formation d'un arc ; et, en s'y reprenant à plusieurs fois, on arrive assez rapidement à maintenir un très bon vide dans l'ampoule pendant que la cathode et l'anode sont portées toutes les deux au rouge. Si l'on a eu soin de pousser les températures des deux électrodes au-dessus de la valeur maximum qui sera atteinte au cours des expériences thermioniques, le vide réalisé restera parfaitement stable. On voit, en passant, que l'anode doit être constituée par un métal suffisamment réfractaire pour supporter elle aussi des températures élevées. On utilise beaucoup à cet effet le nickel, le platine, le molybdène et même le tungstène.

Quand le vide a été réalisé, il faut encore le mesurer. On sera amené aussi dans certains cas à introduire après coup dans l'ampoule une trace d'un gaz déterminé, dont la pression devra être également connue. Il y a une vingtaine d'années, les vides communément réalisables ne dépassaient guère le millième ou le dix-millième de millimètre de mercure. On les mesurait avec la jauge de Mac Leod, dont les indications sont à peu près sûres jusqu'à cette limite, si toutefois on peut faire abstraction de la pression de la vapeur de mercure. Aujourd'hui, on atteint des vides beaucoup plus élevés, de l'ordre de 10^{-5} à 10^{-7} microns de mercure. Il a donc fallu imaginer toute une technique nouvelle pour arriver à les mesurer. Certaines des méthodes employées sont fondées sur les propriétés moléculaires des gaz très raréfiés (viscosité ou conductibilité thermique). D'autres méthodes, qui utilisent les phénomènes thermioniques eux-mêmes, seront brièvement décrites plus loin [1].

3. Lorsque l'ampoule en expérience a été vidée et son filament porté à une température élevée et connue, il reste à mesurer les courants thermioni-

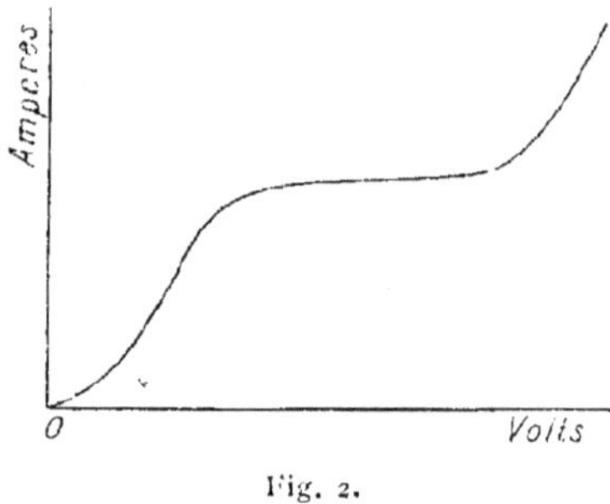

Fig. 2.

ques qu'une différence de potentiel appliquée entre les deux électrodes peut faire passer à travers le gaz raréfié. L'intensité de ces courants est extraordinairement variable avec les conditions expérimentales. Dans certains cas les courants sont de l'ordre de 10^{-14} à 10^{-12} ampères. On les mesure alors avec l'électromètre, qui est le seul instrument assez sensible pour les atteindre. Lorsque les courants atteignent 10^{-9} ou 10^{-8} ampères, les galvanomètres peuvent être substitués aux électromètres. Si le courant devient de l'ordre de 10^{-4} ampères, on utilisera les milliampèremètres à lecture directe. Enfin, il existe des ampoules thermioniques capables de débiter des courants de plusieurs ampères. L'instrument de mesure devient alors un ampèremètre ordinaire.

Le résultat général qui a été obtenu dans toutes les mesures thermioni-

[1] Nous renverrons pour le détail aux Conférences-Rapports de M. DUNOYER sur la *Technique du vide.*

ques peut se résumer dans le schéma de la figure 2. Cette figure représente la variation du courant recueilli en fonction de la tension appliquée, les mesures étant supposées faites à une température fixe. On voit que le courant, d'abord croissant avec la tension, prend ensuite une valeur stationnaire (courant de saturation), jusqu'au moment où l'ionisation par chocs des électrons contre les molécules du gaz résiduel peut faire remonter la courbe, en amorçant ainsi la phase de décharge disruptive. Les diverses portions de cette courbe sont très inégalement développées suivant les cas. Si, par exemple, le vide est très élevé et le filament a un potentiel moindre que le cylindre (courant électronique), la dernière portion ascendante de la courbe, qui correspond à l'ionisation par chocs, disparaît complètement. Si au contraire le filament est chargé positivement, la température et le vide modérés, la région de saturation peut n'être jamais atteinte.

Rappelons enfin qu'aux températures relativement basses, l'émission consiste presque uniquement en ions positifs, aux températures moyennes les électrons ou les ions négatifs viennent se mélanger à eux, enfin aux températures élevées, surtout dans un bon vide, les corpuscules négatifs subsistent seuls.

Nous commencerons l'exposé détaillé des résultats expérimentaux par l'étude capitale de l'*émission électronique pure*, c'est-à-dire de l'émission de corpuscules négatifs qui transporte à elle seule la totalité du courant dans les meilleurs vides et aux températures les plus élevées. Nous acquerrons ainsi les connaissances nécessaires pour étudier les phénomènes beaucoup plus complexes qui se produisent en présence de gaz ou quand les ions positifs entrent en jeu.

CHAPITRE III

———

L'ÉMISSION ÉLECTRONIQUE DANS LE VIDE. — ÉTUDE THÉORIQUE

1. — La première théorie de l'émission électronique pure dans les vides
élevés a été donnée par O. W. Richardson en 1901 ([1]) et bientôt vérifiée
par l'expérience. Cette théorie était intimement liée à la théorie cinétique
des métaux telle qu'on l'admettait à cette époque. Nous l'exposerons brièvement, en insistant surtout sur les idées directrices.

Dans la théorie cinétique des métaux ([2]) telle qu'elle avait été édifiée par
Riecke, Drude, J. J. Thomson et H. A. Lorentz, on admet que les conducteurs
métalliques renferment de nombreux électrons libres, dont les mouvements
d'agitation thermique sont identiques à ceux d'un gaz ordinaire à la même
température. Les mouvements de ces électrons libres sont continuellement
gênés par leurs chocs contre les atomes du métal, que l'on peut regarder
comme à peu près immobiles; mais, sous l'influence d'un champ électrique
ou d'un gradient de température, les électrons tendront néanmoins à
prendre un mouvement d'ensemble dans le sens de la chute de potentiel ou
de température. Telle est, dans cette théorie, l'origine de la conductibilité
électrique et thermique des métaux, ainsi que des phénomènes thermoélectriques.

Si ce gaz électronique intérieur au métal ne s'échappe pas à l'extérieur,
c'est qu'il en est empêché par l'existence à la surface du métal d'une couche
de passage que les électrons ne peuvent franchir que moyennant la dépense
d'un certain travail. Pour préciser, on peut imaginer qu'il existe à la surface une couche double au sens de Helmholtz, dont la face positive soit
tournée du côté du métal et la face négative vers l'extérieur. Si V désigne

(1) RICHARDSON, *Proceed. Cambridge Phil. Soc.* 11, p. 286, 1901.

(2) Voir par exemple, au sujet de cette théorie : EUGÈNE BLOCH, *la Théorie cinétique
des métaux*, dans le volume des Conférences sur la constitution de la matière, publié par
la *Société de Physique* en 1913.

la différence de potentiel entre le métal et le vide, e la charge d'un électron, celui-ci ne pourra s'échapper du métal que si son énergie cinétique dans le sens normal à la surface égale au moins la valeur $\varphi = e\,V$ [1]. La composante normale de sa vitesse devra donc atteindre au moins la valeur u_0 donnée par la relation

$$(1) \qquad \frac{1}{2} m u_0^2 = e\,V.$$

Supposons le métal placé dans une enveloppe isolante vide à température uniforme. Les électrons qui sont sortis du métal formeront un gaz électronique extérieur, beaucoup plus raréfié que le gaz intérieur, et dont les particules constituantes se mettront peu à peu en équilibre statistique avec le gaz intérieur, grâce aux échanges de particules entre les deux milieux intérieur et extérieur.

Les principes de la théorie cinétique des gaz, appliqués au gaz intérieur, permettent dès lors sans difficulté de calculer le nombre total d'électrons émis par seconde et par centimètre carré de la surface du métal, par suite le courant électrique correspondant à cette émission. Désignons en effet par n le nombre par centimètre cube d'électrons libres à l'intérieur du métal, par dn le nombre de ceux qui ont une composante de vitessse normale comprise entre u et $u + du$. La théorie cinétique montre [2] que

$$(2) \qquad dn = n \sqrt{\frac{hm}{\pi}}\, e^{-hmu^2}\, du$$

en désignant par h une constante reliée à la température absolue T par la relation.

$$(3) \qquad h = \frac{1}{2}\frac{1}{k\,\mathrm{T}}$$

et par k la constante des gaz parfaits rapportée à une molécule.

D'après la relation (1), seuls pourront sortir du métal les électrons dont la composante de vitesse u normale à la surface satisfait à la condition

$u \geqslant u_0$ ou $u \geqslant \sqrt{\dfrac{2\varphi}{m}}$. L'intensité du courant d'électrons émis par centi-

---

[1] Le cas où le travail d'extraction φ d'un électron surpasserait le travail purement électrique $e\,V$ ne saurait être exclu a priori. Dans le cas général, l'énergie mécanique (somme des énergies cinétique et potentielle calculée sans tenir compte de la charge électrique) ne sera pas la même pour un électron intérieur et un électron extérieur, de sorte que φ différera de $e\,V$. Pour plus de simplicité nous ferons, ici, abstraction de cette différence.

[2] Voir, par exemple, EUGÈNE BLOCH, *Théorie cinétique des gaz*, chez Armand Colin.

mètre carré de la surface du métal sera donc

$$i = \int_{u_0}^{\infty} ue\,dn = ne \sqrt{\frac{hm}{\pi}} \int_{\sqrt{\frac{2\varphi}{m}}}^{\infty} e^{-hmu^2} u\,du$$

ou encore

$$(4) \qquad\qquad i = a\,T^{\frac{1}{2}} e^{-\frac{b}{T}}$$

en posant

$$(5) \qquad\qquad a = ne \sqrt{\frac{k}{2\pi m}}$$

$$(6) \qquad\qquad b = \frac{\varphi}{k} = \frac{eV}{k}\,.$$

Si l'on pouvait admettre que n et V fussent indépendants de la température il en serait de même des deux paramètres a et b, et la formule (4) donnerait alors la loi de variation du courant de saturation émis par un centimètre carré de surface en fonction de la température absolue. Cette formule est appelée la formule ou *loi de Richardson*. Elle joue un rôle essentiel dans l'étude des phénomènes thermioniques, à cause de la représentation très correcte qu'elle donne de tous les faits expérimentaux (voir le chapitre IV). En toutes circonstances, il est possible de choisir les constantes numériques a et b de manière à couvrir les résultats des mesures.

Si l'on se reporte aux formules (5) et (6), on voit que la connaissance de a permet de calculer n et que celle de b permet de calculer V. Le premier calcul n'a pas très grand intérêt : nous verrons en effet qu'il subsiste forcément des doutes importants sur la signification exacte de la constante a. Au contraire le calcul de V, fondé sur la connaissance de b a un gros intérêt : nous trouvons là le moyen d'atteindre, par voie indirecte il est vrai, les différences de potentiel au contact entre un métal et le milieu environnant.

2. La théorie primitive de Richardson a reçu un important perfectionnement de H. A. Wilson, qui a montré, peu de temps après ([1]), que l'on pouvait retrouver la formule de Richardson par un raisonnement fondé sur les principes de la thermodynamique et par suite beaucoup plus sûr que le raison-

____

[1] H. A. WILSON, *Phil. Trans.*, 197, p. 429, 1901.

ment primitif. La théorie de H. A. Wilson a d'ailleurs été complétée depuis par J. J. Thomson ([1]) et par Richardson ([2]).

Dans la théorie thermodynamique, on continue à supposer que les électrons extérieurs au métal et en équilibre thermique avec lui constituent un véritable gaz qui a toutes les propriétés d'un gaz parfait, et dont les molécules satisfont en particulier à la loi de distribution des vitesses de Maxwell. Cette hypothèse est dès l'abord rendue vraisemblable par la petitesse extrême des particules en jeu (molécules de dimensions négligeables) et par la raréfaction du gaz aux températures modérées. Les électrons qui constituent le gaz exercent bien les uns sur les autres des forces répulsives électriques en raison inverse du carré de la distance, forces qui donnent lieu à une sorte de pression interne négative analogue à celle de Van der Waals. Mais la raréfaction du gaz aux températures modérées rend ces actions pratiquement négligeables, de sorte que les électrons extérieurs semblent constituer un gaz qui satisfait mieux que beaucoup d'autres à la définition du gaz parfait. Nous verrons d'ailleurs plus loin (chapitre V) que l'expérience a pleinement confirmé cette prévision, qui peut par suite servir de base solide à un raisonnement thermodynamique. En particulier, si on désigne par p la pression du gaz électronique extérieur, par v son volume, par T la température absolue du système, on pourra écrire l'équation classique

$$(7) \qquad p\,v = \mathrm{R}\,T = \mathrm{N}\,k\,T,$$

en désignant par N le nombre d'Avogadro, par R et k la constante des gaz parfaits rapportée respectivement à une molécule-gramme et à une molécule libre, en supposant enfin que le volume soit assez grand pour que la masse totale soit celle d'une molécule-gramme. D'autre part, si n désigne le nombre d'électrons par centimètre cube du gaz, la théorie cinétique donne la relation

$$(8) \qquad p = \frac{n}{2\,h} = k\,T\,n.$$

Enfin les électrons qui viennent frapper par seconde un centimètre carré de la surface du métal sont en nombre

$$(9) \qquad n' = \frac{n}{2\sqrt{\pi\,hm}}.$$

[1] J. J. Thomson, *Phil. Trans.*, 201, p. 502, 1903.

[2] Richardson, *Jahrbuch der Rad. und Elektronik*, 1, p. 302, 1904 ; *Phil. Mag.*, 23, p. 263 et 602, 1912 ; 24, p. 737, 1912 ; 28, p. 633, 1914 ; *The electron theory of matter*, p. 448, 1914 ; *The emission of electricity from hot bodies*, p. 32, 1921.

Voir aussi, H. A. Wilson, *Phil. Trans.*, 202, p. 258, 1903 ; *Phil. Mag.*, 24, p. 196, 1912 ; Debye, *Ann. der Physik*, 33, p. 469, 1910.

L'application des principes de la théorie cinétique des gaz au système des électrons *intérieurs* au métal paraît au contraire beaucoup moins légitime aujourd'hui qu'à l'époque de la première théorie de Richardson. Des découvertes expérimentales importantes sont en effet venues jeter quelque discrédit sur la théorie cinétique ancienne des métaux. En particulier la décroissance considérable des chaleurs spécifiques des métaux aux basses températures, l'apparition de l'état supraconducteur dans les mêmes circonstances, paraissent difficiles à concilier avec les conceptions cinétiques anciennes. Il reste hors de doute que l'explication de la conductibilité électrique ou thermique des métaux devra continuer à être cherchée dans un transport d'électrons à l'intérieur du métal. Mais ces électrons ne restent peut-être libres que pendant une faible partie du temps, de sorte qu'il ne serait nullement légitime de leur appliquer des lois fondées sur des raisonnements d'équipartition et sur la mécanique statistique classique. La théorie des quanta devra sans doute être mise en œuvre ici encore pour éclaircir complètement la question. Quoi qu'il en soit, la seule hypothèse qu'il paraisse légitime de faire sur le système électronique intérieur au métal, c'est son assimilation à une sorte de fluide condensé, qui se mettrait en équilibre avec le gaz extérieur comme un liquide avec une vapeur, mais dont les propriétés cinétiques restent inconnues dans le détail.

La répartition d'équilibre est néanmoins régie par les lois de la thermodynamique et l'on peut lui appliquer la formule de Clapeyron. Nous écrirons cette formule sous la forme

$$(10) \qquad L = v\,T\,\frac{dp}{dT}$$

en désignant par L la chaleur latente d'évaporation d'une molécule-gramme d'électrons et en négligeant le volume du fluide électronique intérieur vis-à-vis de celui du gaz extérieur. Le travail nécessaire pour extraire un électron du métal a déjà été désigné précédemment par φ. La chaleur d'évaporation totale s'obtiendra en ajoutant à ce travail le travail extérieur produit par la détente isotherme du gaz, ce qui conduit à la relation classique

$$L = N\,\varphi + p\,v = N\,(\varphi + kT).$$

La formule (10) devient donc

$$k\,\frac{dp}{p} = \frac{\varphi + kT}{T^2}\,dT,$$

d'où l'on tire

$$(11) \qquad p = A\,T\,e^{\int \frac{\varphi}{kT^2}\,dT}.$$

Or si l'équilibre thermodynamique est atteint, le nombre des électrons qui frappent par seconde et par unité de surface le métal chauffé est le même que celui des électrons qui sortent du métal par la même surface et pendant le même temps, à condition toutefois d'admettre que les électrons réfléchis par ce métal soient en nombre négligeable. D'après la relation (9) les électrons émis transporteront donc un courant

$$i = \frac{ne}{2}\sqrt{\frac{\overline{v^2}}{\pi\,hm}},$$

ou encore, en tenant compte des relations (3), (8) et (11)

$$(12) \qquad i = a\,T^{\frac{1}{2}}\,e^{\int \frac{\varphi}{k\,T^2}\,dT};$$

a est une constante indépendante de la température.

Pour aller plus loin, il faudrait maintenant connaître la relation qui relie φ à T. Si l'on admet d'abord que φ soit indépendant de T, la formule (12) prend la forme

$$i = a\,T^{\frac{1}{2}}\,e^{-\frac{\varphi}{k\,T}}$$

identique à (4), c'est-à-dire que l'on retrouve la loi de Richardson sous sa forme ancienne. Mais comme l'a montré Richardson ([1]) l'hypothèse de la constance de φ est bien invraisemblable et même difficile à concilier avec l'existence des phénomènes thermoélectriques. Pour préciser la dépendance entre le travail d'extraction d'un électron et la température, Richardson a utilisé des raisonnements termodynamiques où interviennent à la fois les phénomènes thermioniques et les phénomènes thermoélectriques. Nous n'entrerons pas ici dans le détail de ces raisonnements que l'on trouvera exposés soit dans l'un des livres de Richardson cités en note au bas de la page 19, soit dans les mémoires originaux. Nous nous contenterons d'énoncer le résultat obtenu. Richardson montre que, si l'on peut négliger la chaleur spécifique d'électricité dont la grandeur régit l'effet Thomson, on peut écrire

$$\varphi = \varphi_0 + \frac{3}{2}\,k\,T.$$

Ainsi le travail d'extraction d'un électron serait approximativement une fonction linéaire de la température absolue.

(1) RICHARDSON, *Émission*, p. 32.

S'il en est ainsi, la formule générale (12) prend la forme

$$(13) \qquad i = a\,T^2\,e^{-\frac{\varphi_0}{kT}}$$

où a et φ_0 désignent des grandeurs indépendantes de la température.

En résumé, on voit que les théories précédentes donnent pour le courant total (courant de saturation) émis par un centimètre carré de la surface du métal une formule du type

$$(14) \qquad i = a\,T^n\,e^{-\frac{b}{T}}$$

dans laquelle a et b désignent des constantes indépendantes de la température et n un nombre de l'ordre de l'unité. De plus la constante b est reliée simplement à la différence de potentiel de contact entre le métal et le milieu extérieur (formule 6).

3. Parmi les autres théories de l'émission électronique qui ont été proposées nous en citerons encore quelques-unes, qui présentent de l'intérêt à des titres divers.

D'abord Richardson ([1]) a cherché à compléter les raisonnements thermodynamiques qui viennent d'être développés par l'introduction de considérations de *quanta*. Ces considérations sont assez compliquées et ne paraissent pas à l'abri de toute objection. Aussi nous contenterons-nous d'indiquer que l'on retrouve la formule (13), avec ce caractère supplémentaire que la constante a doit être la même pour tous les corps. Peut-être y aura-t-il lieu de réviser cette théorie avant d'en accepter toutes les conclusions.

On peut songer aussi à une théorie *photoélectrique* ([2]) du phénomène. Le métal incandescent émet des radiations visibles et ultra-violettes, et l'on peut songer à attribuer à un effet photoélectrique de ces radiations sur le métal lui-même l'émission électronique observée aux températures élevées. Il semble cependant que les données quantitatives actuellement connues sur les effets photoélectriques permettent d'éliminer dans la plupart des cas cette cause d'émission comme étant d'un ordre de grandeur insuffisant.

Enfin, et c'est là un point de vue digne de retenir notre attention, certains physiciens ont proposé une théorie *chimique* des phénomènes. Sur ce terrain, en effet, comme sur beaucoup d'autres, se trouvent en présence deux points de vue opposés, que l'on peut appeler le point de vue *intrinsèque* et le point du vue *chimique*. Pour les partisans du premier, l'émission ther-

---

(1) RICHARDSON, *Phil. Mag.*, 23, p. 633, 1913 ; *Emission*, p. 37.

(2) RICHARDSON, *Emission of Electricity*, p. 110.

mionique est une propriété qui appartient en propre aux conducteurs incandescents, même quand ils sont rigoureusement purs et chauffés dans le vide le plus complet. Pour les autres au contraire les phénomènes observés sont dus à des réactions chimiques entre le métal chauffé et les traces de gaz résiduelles qui proviennent de ce que le vide n'est pas suffisant ou de ce que le métal lui-même dégage continuellement des gaz. Ce dernier point de vue a été soutenu énergiquement par plusieurs physiciens de l'école allemande et de nombreux faits expérimentaux, dont nous serons amenés à examiner les principaux, paraissent au premier abord lui apporter des confirmations ([1]). Cependant, à l'heure actuelle, bien qu'on ne puisse contester le rôle prépondérant des actions chimiques dans un certain nombre de cas (métaux alcalins, d'après les expériences de Haber et Just, etc.), il semble de plus en plus évident que la théorie intrinsèque est de beaucoup la plus vraisemblable dans les cas vraiment typiques ; nous verrons les arguments importants que l'on peut faire valoir aujourd'hui en sa faveur.

Pour l'instant, nous nous contenterons de remarquer que l'étude de la loi de variation de l'émission thermionique en fonction de la température ne peut pas permettre de décider entre les deux théories. On peut montrer en effet que la théorie chimique conduit à trouver, comme expression du courant de saturation en fonction de la température, une relation qui contient, comme la formule de Richardson, une exponentielle de la forme $e^{-\frac{b}{T}}$. Comme c'est ce terme exponentiel qui est tout à fait prépondérant dans la formule de Richardson, sa présence n'est pas plutôt en faveur de la théorie chimique que de la théorie intrinsèque.

4. Relations avec les différences de potentiel de contact.

— Nous terminerons ce chapitre consacré aux considérations théoriques, en disant quelques mots des relations qui existent entre les phénomènes d'émission thermionique dans le vide et les différences de potentiel de contact.

On sait que si deux métaux différents (zinc et cuivre par exemple), sont mis en regard l'un de l'autre dans le vide, et reliés l'un à l'autre par un fil conducteur, il existe entre deux points A et B voisins des surfaces de ces deux métaux une différence de potentiel dite « différence de potentiel apparente au contact ». Ces différences ont donné lieu depuis un siècle à d'innombrables mesures et à des discussions acharnées. Ici encore, en effet, la théorie chimique et la théorie intrinsèque se sont retrouvées en présence. Pour les uns, la différence de potentiel apparente au contact doit être attribuée à des actions chimiques entre le métal et les traces de gaz environnantes, en

(1) RICHARDSON, *Emission of electricity*, p. 147 et suiv.

particulier à la vapeur d'eau. Si ce point de vue est exact, les différences observées devraient disparaître totalement, si l'on réalise des surfaces métalliques pures dans un vide complet. C'est ce qui semblait en effet se produire dans quelques-unes des expériences les plus récentes sur ce sujet ([1]).

Si au contraire on admet le point de vue intrinsèque, les différences de potentiel subsistent même dans le vide absolu et représentent une propriété caractéristique des deux métaux considérés.

Nous ne saurions prétendre trancher en quelques mots une controverse presque séculaire. Mais il est important, au point de vue qui nous intéresse de montrer le lien très étroit qui existe entre les différences de potentiel au contact et les émissions électroniques. Si ces dernières sont des propriétés intrinsèques de chaque métal, et si l'intensité de l'émission électronique n'est pas la même, à la même température, pour tous les métaux, il en résulte nécessairement que les différences de potentiel ont aussi une existence intrinsèque. Si au contraire les différences de potentiel n'ont pas d'existence intrinsèque, on en conclut nécessairement qu'il en est de même de l'émission électronique, ou tout au moins que cette émission doit être la même pour tous les métaux à la même température.

Considérons en effet deux plateaux métalliques constitués par des métaux différents (par exemple le tungsène et le molybdène), reliés par un fil conducteur et portés à une température uniforme et assez élevée dans un vide complet. Les métaux vont émettre l'un et l'autre des électrons, et si l'émission propre du premier dépasse celle du second, un état d'équilibre va s'établir pour lequel le premier sera chargé positivement par rapport au second. Un point A voisin de la surface du premier sera donc à un potentiel plus élevé qu'un point B voisin de la surface du second : il y aura une différence, de potentiel apparente au contact. Soit V la valeur de cette différence, n_1 et n_2 les nombres d'électrons par centimètre cube du milieu en A et en B quand l'état stationnaire est atteint. Le travail nécessaire pour transporter un électron de A en B est eV et les lois de la mécanique statistique qui sont applicables, comme on l'a vu plus haut, au gaz électronique, permettent de calculer le travail eV si l'on connaît les densités électroniques d'équilibre n_1 et n_2. Le théorème général d'équipartition de Boltzmann donne en effet la relation

$$\frac{n_1}{n_2} = e^{-\frac{eV}{kT}}.$$

<hr>

([1]) On pourra consulter à ce sujet les mémoires cités dans le livre de RICHARDSON (*The emission of electricity from hot bodies*), p. 45 et 46. Voir aussi MILLIKAN, *Phys. Rev.*, 18, p. 236, 1921.

Si l'on admet, conformément aux théories développées au début de ce paragraphe, que les courants de saturation i_1 et i_2 que l'on peut extraire des deux métaux sont proportionnels à n_1 et n_2, on peut écrire aussi

$$\frac{i_1}{i_2} = e^{-\frac{e\,\mathrm{V}}{k\,\mathrm{T}}}.$$

Ainsi, si les deux métaux ont des émissions thermioniques différentes, ce qui implique que ces émissions sont des propriétés intrinsèques des deux métaux, la différence de potentiel V est nécessairement différente de zéro. Réciproquement, si les émissions électroniques sont identiques, ou encore si elles sont nulles (hypothèse admise dans la théorie chimique), la différence de potentiel disparaît.

Nous verrons plus loin dans quelle mesure les résultats expérimentaux confirment ou infirment l'une ou l'autre de ces manières de voir.

Il serait très intéressant de continuer à développer ce genre de considérations et de les appliquer en particulier à l'étude des relations étroites qui existent entre les phénomènes thermioniques et les phénomènes thermoélectriques. Mais, malgré les efforts très remarquables qui ont été faits dans cette voie par divers physiciens, il ne semble pas que nous soyons encore en possession d'une théorie entièrement satisfaisante dans tous ses détails. Aussi nous contenterons-nous de renvoyer sur ce point à la lecture des livres ou des mémoires originaux (¹).

---

(1) Voir en particulier RICHARDSON, *The electron theory of matter* (Cambridge University Press) et les mémoires suivants :
RICHARDSON, *Phil. Mag.*, 23, p. 263, 1912 ; 23, p. 594, 1912 ; 24, p. 737, 1912.
BOHR, *Phil. Mag.*, 23, p. 984, 1912.
KRUGER, *Phys. Zeitch*, 11, p. 800, 1910 et 12 p. 360, 1911.

CHAPITRE IV

L'ÉMISSION ÉLECTRONIQUE DANS LE VIDE
RÉSULTATS EXPÉRIMENTAUX

Depuis les premières expériences de Richardson [1] faites en vue de vérifier les formules théoriques du chapitre précédent, le matériel expérimental relatif à cette question s'est accumulé dans de très vastes proportions. Nous ne pouvons songer ici à donner une bibliographie vraiment complète du sujet, et nous renvoyons pour les détails au livre souvent cité de Richardson. Signalons cependant qu'après le premier travail de Richardson, qui porte sur le platine, le carbone et le sodium, l'étude du platine fut bientôt reprise en détail par H. A. Wilson [2] et Richardson lui-même. Aussitôt après se place la découverte importante par Wehnelt [3] de l'émission électronique très intense des oxydes alcalinoterreux (cathodes dites « de Wehnelt »). Les expériences ont été continuées par Owen [4] sur le filament de la lampe Nernst, par Deininger [5] sur le platine, le carbone, le tantale et le nickel purs ou recouverts de chaux, par Horton [6] sur le platine recouvert de calcium ou de chaux, par Martyn [7] sur les cathodes de Wehnelt dans l'air ou l'hydrogène, par Jentzsch [8] sur de nombreux oxydes métalliques,

(1) RICHARDSON, *Proc. Cambr. Phil. Soc.*, 11, p. 286, 1901 ; *Phil. Trans.*, 201, p. 497, 1903 ; *Phil. Trans.*, 207, p. 1, 1906.

(2) H. A. WILSON, *Phil. Trans.*, 202, p. 243, 1903 ; 208, p. 247, 1905.

(3) WEHNELT, *Sitz. der phys. med. Soc. Erlangen*, p. 156, 1903 ; *Ann. der Phys.* 14, p. 425, 1904 ; *Phil. Mag.*, 10, p. 88, 1905.

(4) OWEN, *Phil. Mag.*, 8, p. 230, 1904.

(5) DEININGER, *Ann. der Phys.*, 25, p. 285, 1908.

(6) HORTON, *Phil. Trans.*, 207, p. 149, 1907.

(7) MARTYN, *Phil. Mag.*, 14, p. 306, 1907.

(8) JENTZSCH, *Ann. der Phys.*, 27, p. 129, 1908.

par Fredenhagen ([1]) sur le sodium et le potassium, par Pring et Parker ([2]) sur
le carbone. À une époque plus récente les travaux ont été poursuivis avec
les matériaux les plus réfractaires, ce qui a permis d'obtenir des courants
électroniques encore plus intenses et de se placer dans des conditions plus
nettement définies. Si l'on se souvient que les progrès les plus importants
de la technique du vide se sont produits vers la même époque, on com-
prendra que cette période, qu'on peut appeler la période contemporaine,
ait été la plus riche en résultats importants. Nous citerons particulièrement les expériences fondamentales de Langmuir ([3]) sur le tungstène, le tantale, le molybdène, le platine, le thorium et le carbone, celles de Richardson ([4])
et Smith ([5]) sur le tunsgtène, celles de Schlichter ([6]) sur le platine et le nickel,
celles de Stoeckle ([7]) sur le molybdène, celles de Dushman ([8]) sur le titane et
le fer, celles d'Arnold ([9]) sur les cathodes de Wehnelt.

1. — Le premier résultat général qui a été obtenu dans toutes ces expériences est le suivant : l'émission électronique inappréciable à la température ordinaire devint sensible dès 200 degrés pour les métaux alcalins.
Pour les autres elle ne se manifeste nettement qu'à une température beaucoup plus élevée qui, pour les métaux les plus réfractaires, est de l'ordre
de 1.000 degrés. Dans tous les cas l'accroissement de l'émission avec la température est extrêmement rapide et d'allure exponentielle. Pour illustrer
ce résultat, nous nous contenterons de reproduire quelques-unes des courbes
contenues dans le mémoire fondamental de Richardson (*Phil. Trans.* 1903) ;
ces courbes sont relatives au platine, au carbone et au sodium (fig. 3, 4 et 5).
Pour pouvoir représenter sur le même graphique l'ensemble des résultats
relatifs à un même conducteur, on a, après avoir tracé une première branche

(1) FREDENHAGEN, *Verh. der deutsch. Phys. Gesellsch*, 14, p. 386, 1912.

(2) PRING et PARKER, *Phil. Mag.*, 23, p. 192, 1912; PRING, *Proc. Roy. Soc.*, 89, p. 344, 1913.

(3) LANGMUIR, *Phys. Rev.*, 2, p. 450, 1913 ; *Phys. Zeitsch*, 15, p. 525, 1914 ; *Trans. Amer. Electroch, Soc.* p. 354, 1916 ; *Langmuir's Record on the electron tube*, U. S. Patent Office, 1919.

(4) RICHARDSON, *Phil. Mag.*, 26, p. 345, 1913.

(5) SMITH, *Phil. Mag.*, 29, p. 811, 1915.

(6) SCHLICHTER, *Ann. der Phys.*, 47, p. 573, 1915.

(7) STOECKLE, *Phys. Rev.*, 8, p. 534, 1916. — Voir aussi, 9, p. 503, 1917 (*Remarques de Richardson*).

(8) DUSHMAN, cité par Langmuir, *Trans. Amer. Electroch. Soc.*, p. 534, 1916.

(9) ARNOLD, *Phys. Rev.*, 16, p. 73, 1920.

de courbe pour les températures relativement basses, réduit les ordonnées dans le rapport de 10 à 1 avant de tracer la branche de courbe suivante, et

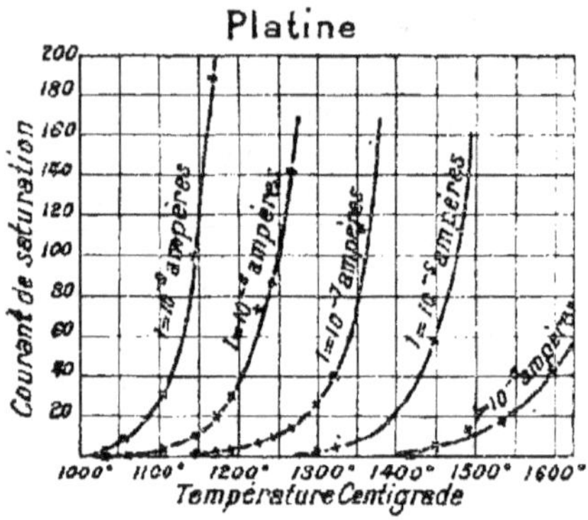

Fig. 3.

ainsi de suite. On voit que, pour le platine, les courants électroniques ont varié de 10^{-8} ampères à 4×10^{-4} ampères, quand la température croît de 1.000° à 1.600°. Pour le carbone le courant croît de 10^{-8} ampères à 10^{-4}

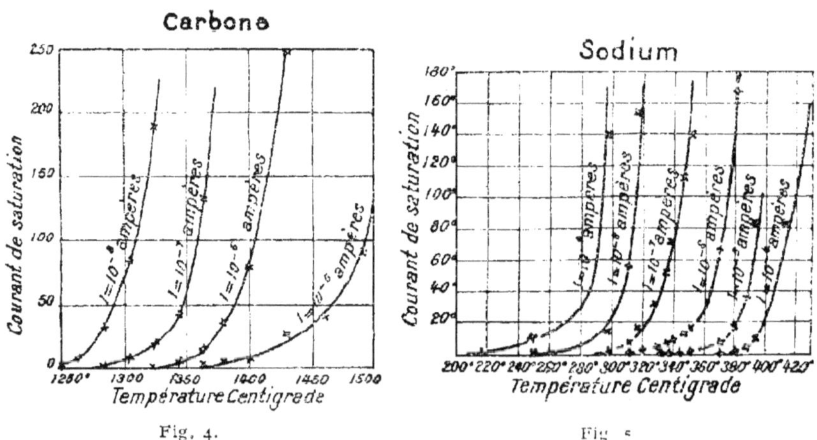

Fig. 4.   Fig. 5

ampères entre 1.250 et 1.500°. Pour le sodium enfin, la variation est encore plus rapide puisque le courant croît de 10^{-9} ampères à $1,4 \times 10^{-2}$ ampères, quand la température varie seulement de 210 à 430 degrés.

La première question qui se pose au sujet de ces courbes est de savoir dans quelle mesure elles s'accordent avec les formules théoriques établies au chapitre précédent. Ces formules sont, comme on l'a vu, du type

$$(15) \qquad i = a\,T^n\,e^{-\frac{b}{T}},$$

n étant un nombre de l'ordre de l'unité : dans la formule primitive de Richardson, on avait $n = 1/2$, dans la formule plus récente et plus sûre fondée sur la thermodynamique, on avait $n = 2$.

Pour tenter de décider entre ces formules, on peut se servir d'un procédé graphique. On portera en abscisses les valeurs de $1/T$ et en ordonnées celles de $\log i - n \log T$, en faisant successivement n égal à $1/2$ ou à 2. C'est ainsi

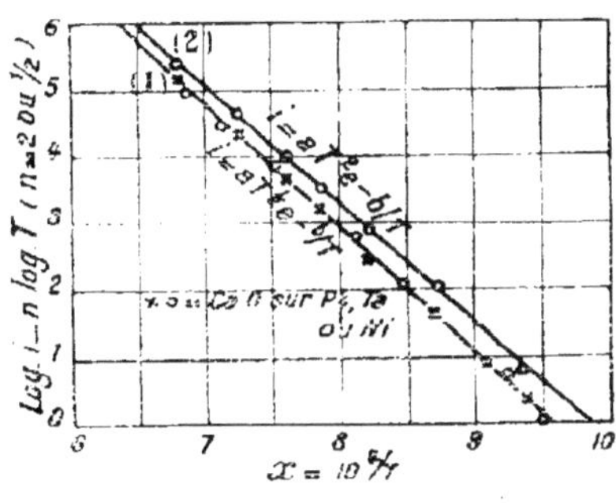

Fig. 6

qu'en utilisant les nombres obtenus par Deininger (*loc. cit.*) avec une cathode de Wehnelt, on obtient le graphique de la figure 6. On voit que les points expérimentaux se placent aussi rigoureusement en ligne droite pour l'hypothèse $n = 1/2$ que pour l'hypothèse $n = 2$. Il en est de même quand les courants varient dans un rapport encore plus considérable, comme cela arrive par exemple dans les expériences de Smith (*loc. cit.*) sur le tungstène où les courants ont augmenté dans le rapport de 10^{11} à 1.

Ainsi la formule générale (15) est vérifiée très exactement dans tous les cas, sans qu'il soit possible de préciser la valeur exacte de l'exposant n. La plupart des auteurs — et nous nous conformerons à l'usage — se servent de la formule la plus ancienne, en posant $n = 1/2$. Les représentations numériques ainsi obtenues sont fort exactes, mais il faut se souvenir que la valeur numérique de la constante a ne peut pas être considérée comme ayant une signification théorique bien nette. Au contraire la constante b, qui figure dans le terme exponentiel, le seul important, a une signification propre ; la moindre variation de cette constante influe d'ailleurs beaucoup sur la grandeur du courant électronique.

Indiquons pour terminer l'unique exception qui ait été trouvée jusqu'à présent à la validité de la formule de Richardson. Cette exception signalée par Richardson et Cooke ([1]) est relative à l'osmium : les droites du graphique précédent sont remplacées par une ligne brisée formée de deux droites faisant entre elles un certain angle. Il est probable qu'il existe deux modifications allotropiques de l'osmium qui ont chacune leur émission propre et qui se transforment l'une dans l'autre à une certaine température.

2. Valeurs des constantes.

— Pour aller plus loin, il est nécessaire de préciser les valeurs des constantes a et b des formules de Richardson relatives aux divers conducteurs incandescents. La connaissance de ces constantes est indispensable pour prévoir les courants électroniques que l'on pourra extraire d'un conducteur donné porté à une température connue. Elle a une très grande valeur pratique.

Si l'émission électronique peut être considérée comme une propriété intrinsèque des corps, les constantes auront, pour chaque corps, des valeurs numériques parfaitement déterminées, dont le tableau suffira à caractériser les corps. Si au contraire la théorie chimique qui attribue les effets observés à des réactions entre le conducteur et des traces de gaz résiduel devait être acceptée, on pourrait prévoir une très grande variabilité dans la valeur des constantes obtenues pour le même métal par divers expérimentateurs, puisque ces constantes seraient sous la dépendance directe du mode opératoire adopté pour purifier le métal ou le gaz.

Les premiers résultats ont paru donner raison à la théorie chimique. On trouve dans les travaux relativement anciens, sur le platine et le carbone par exemple, des valeurs numériques des constantes qui paraissent inconciliables entre elles, et par suite incompatibles avec l'idée d'une propriété intrinsèque. On trouvera dans le livre de Richardson l'ensemble de ces résultats et la discussion approfondie de leur valeur. Mais les expériences plus récentes faites avec les métaux très réfractaires et avec toutes les précautions reconnues nécessaires dans la technique du vide, ont fourni au contraire des constantes numériques qui convergent de plus en plus les unes vers les autres. On peut admettre que, pour des substances comme le tungstène, la valeur des constantes est connue aujourd'hui avec une certaine précision, et que la concordance même des résultats est suffisante pour servir d'argument en faveur

---

([1]) RICHARDSON et COOKE, *Phil. Mag.*, 21, p. 408, 1911.

de la théorie intrinsèque. Le tableau suivant donne les valeurs des constantes pour les conducteurs qui paraissent actuellement les mieux étudiés. Les nombres les plus certains sont relatifs au tungstène. Les nombres relatifs au molybdène et au tantale auront besoin d'être précisés. Ceux qui concernent le platine et le carbone sont encore très discutables. Les autres ne sont donnés ici qu'à titre de simple indication. Le tableau ne contient aucune donnée sur l'émission des corps composés (cathodes de Wehnelt, etc.). Nous reviendrons plus loin sur ce cas. Les unités sont choisies de telle sorte que le courant i de la formule de Richardson soit donné en ampères par centimètre carré.

	a	b	AUTEURS
Tungstène.	$21,8 \times 10^6$	52.500	LANGMUIR. *Phys. Zeitsch.*, 1914.
	$23,6 \times 10^6$	52.500	DUSHMAN, *Gen. Electric Rev.*, 1915.
Tantale....	$11,9 \times 10^6$	50.000	LANGMUIR. *Phys. Rev.*, 1913.
Molybdène.	22×10^6	50.000	LANGMUIR. *Phys. Rev.*, 1913.
Platine....	$3,2 \times 10^{12}$	80.000	LANGMUIR. *Phys. Rev.*, 1913.
	$11,5 \times 10^6$	51.100	SCHLICHTER. *Ann. der Phys.* 1915.
Carbone...	$2,38 \times 10^6$	48.700	LANGMUIR (cité par Richardson).
Thorium...	2×10^8	39.000	LANGMUIR, *Trans. Amer. Elec. Soc.*, 1916.
Titane.....	13×10^2	28.000	DUSHMAN. *Mesures préliminaires* (cité par Langmuir).
Fer	24×10^2	57.000	
Nickel.....	$4,84 \times 10^6$	34.000	SCHLICHTER. *Ann. der Phys.*, 1915.
Calcium ...	$1,76 \times 10^4$	36.500	HORTON, *Phil. Trans.*, 1907.
Sodium....	$1,6 \times 10^{12}$	34.600	RICHARDSON, *Phil. Trans.*, 1903.

Pour les métaux très oxydables, comme le calcium et le sodium, il est possible que la théorie chimique doive être acceptée. On sait, en effet, depuis les expériences de Haber et Just et les expériences complémentaires de Richardson [1] que le sodium émet des électrons quand il est attaqué chimiquement par certains gaz tels que le gaz phosgène ($COCl_2$). Et le rôle des gaz n'est pas entièrement exclu dans les expériences faites jusqu'à ce jour avec ces métaux. Il y aurait lieu, en tous cas, de reprendre cette étude à ce point de vue en profitant des facilités que l'on possède actuellement pour éliminer les impuretés gazeuses.

Pour tous les autres métaux de la liste (sauf peut-être le platine) ainsi que pour le carbone, il semble au contraire que malgré l'imprécision souvent

---

[1] Voir par exemple à ce sujet, RICHARDSON, *Emission of electricity*, p. 307 et suiv.

encore assez grande des données numériques, il y ait de fortes raisons de se rallier à la théorie de l'émission intrinsèque. Nous rencontrerons par le suite des arguments nouveaux et assez nombreux en faveur de cette manière de voir.

La connaissance des constantes de l'émission électronique est importante à bien des points de vue. Pour le tungstène par exemple, les constantes sont assez bien connues pour que l'on puisse calculer a priori avec une certaine exactitude l'émission d'un filament donné à une température quelconque. Ainsi le calcul fait à 2.600 degrés absolus montre que le tungstène émet 2 *ampères* par centimètre carré. Avec les surfaces de filaments que l'on réalise couramment les courants peuvent atteindre plusieurs dixièmes d'ampère et même dépasser un ampère. C'est de là que dérive, comme nous le verrons, l'importance du tungstène et de tous les autres éléments très réfractaires comme sources de courants thermioniques.

Une autre conséquence intéressante que l'on peut tirer de la connaissance de la constante b est le calcul de la différence de potentiel de contact entre le métal et le vide, ou, d'une manière plus précise, le travail d'extraction d'un électron. Ce travail se déduit de la formule (6) (page 18, voir aussi la note au bas de la page 17).

$$b = \frac{\varphi}{k} = \frac{e\,V}{k}.$$

Si nous multiplions les deux termes de la fraction par la constante d'Avogadro N, le numérateur contiendra le facteur Ne c'est-à-dire la charge transportée par l'ion-gramme d'hydrogène dans l'électrolyse soit 9.650 unités électromagnétiques. Le dénominateur deviendra $Nk = R$, c'est-à-dire la constante des gaz parfaits rapportée à une molécule-gramme soit $8,32 \times 10^{7}$ unités C. G. S. On pourra donc de la valeur de b déduire sans ambiguïté celle de la différence de potentiel de contact V. Les valeurs obtenues à partir des nombres du tableau précédent sont pour la plupart de l'ordre de 3 volts. C'est là un ordre de grandeur très raisonnable. Il serait assurément fort intéressant de contrôler les nombres obtenus par des mesures directes de différences de potentiel apparentes au contact. Mais, outre que ces mesures ne conduiraient qu'à des combinaisons assez complexes des valeurs de V pour divers métaux, les mesures devraient être faites dans les conditions mêmes où ont été faites les mesures thermioniques, c'est-à-dire au rouge : la réalisation serait difficile. Enfin pour les métaux les mieux étudiés, le molybdène et le tungstène par exemple, les constantes b et par suite les différences des potentiel V diffèrent relativement peu (peut-être même cette différence est-elle nulle). Et cette circonstance ne faciliterait pas les mesures de différences de potentiel apparentes au contact. Aussi n'y a-t-il pas lieu de s'étonner que ces vérifications n'aient pas encore été faites : il y a là un intéressant sujet de recherches pour l'avenir.

3. Émission électronique des corps composés dans le vide : Cathodes de Wehnelt. — La propriété d'émettre des électrons dans le vide à température élevée appartient aux corps composés comme aux corps simples. La première étude sur ce sujet est due à Wehnelt ([1]). Ce physicien constata en 1903 que la chute cathodique dans un tube à vide est grandement diminuée quand la cathode est recouverte d'une couche mince de certains oxydes métalliques, surtout les oxydes alcalinoterreux. Cette diminution est due à un accroissement important de l'émission électronique sous l'influence de l'afflux positif. Wehnelt, ayant été ainsi amené à étudier de nombreux oxydes au point de vue de leur émission thermionique, reconnut que, en plus des oxydes de calcium, baryum et strontium, qui sont de beaucoup les plus actifs, les oxydes de magnésium, de zinc, de cadmium, de thorium, de zirconium, etc., présentaient aussi une certaine activité. D'autres au contraire (oxydes de thallium, aluminium, fer, nickel, cobalt, chrome, cuivre, etc.) paraissaient complètement inactifs.

Des nombreuses expériences ([2]) qui ont été faites sur ces « cathodes de Wehnelt », il résulte que les caractères généraux de l'émission sont tout à fait pareils à ceux qui ont été signalés pour les métaux. La seule différence réside dans une difficulté plus grande pour obtenir la saturation. Mais les courants de saturation continuent à satisfaire à la loi de Richardson

$$i = a\,T^{\frac{1}{2}}\,e^{-\frac{b}{T}}.$$

La difficulté de la détermination précise des constantes a et b est encore plus grande ici que précédemment. Le mode de fabrication usuel des cathodes de Wehnelt est en effet le suivant : on dépose sur un fil ou une lame mince de platine une goutte de nitrate de calcium, de strontium ou de baryum ; puis par chauffage du support par un courant électrique, on évapore à sec et on calcine, de manière à décomposer le sel et à faire apparaître l'oxyde. Dans ces conditions, on obtient des émissions thermioniques beaucoup plus intenses qu'avec le platine pur, mais l'intensité de l'émission change assez fortement

---

([1]) Voir les mémoires cités en note page 26, et aussi WEHNELT et JENTZSCH, *Verh. der Deutsch. Phys. Ges.*, 10, p. 605, 1908.

([2]) Voir la bibliographie au début du chapitre.

avec le temps, sans doute par suite d'une décomposition ou d'une évaporation progressive de la substance active. Néanmoins, des valeurs assez concordantes des constantes ont pu être obtenues. Voici une liste des valeurs les plus vraisemblables :

	a	b	AUTEURS
Chaux.....	$6,9 \times 10^7$	40.300	JENTZSCH, *Ann. der Phys.*, 1905.
	$1,76 \times 10^7$	43.000	DEININGER, *Ann. der Phys.*, 1904.
Baryte	$1,2 \times 10^7$	45.000	WEHNELT, *Ann. der Phys.*, 1904.

Les expériences de Deininger sont particulièrement instructives. Cet auteur a trouvé que l'émission de la chaux était indépendante du support métallique qui sert à la porter à l'incandescence : il a étudié à ce point de vue les fils de platine, carbone, tantale et nickel. Ce résultat semble montrer qu'il s'agit bien d'une propriété intrinsèque de la chaux et non d'une action chimique du gaz ou du support.

De nombreux oxydes autres que les oxydes alcalinoterreux ont été étudiés avec beaucoup de soin par Jentzsch au point de vue de l'émission électronique. La plupart de ces oxydes possèdent, aux températures relativement basses, une émission supérieure à celle du platine qui les porte. Dans ces conditions, il est possible d'étudier la loi d'émission en fonction de la température et de calculer les constantes des formules de Richardson. Aux températures élevées au contraire, l'émission des oxydes étudiés jusqu'ici se montre inférieure non seulement à celle des oxydes alcalinoterreux, mais encore à celle du platine lui-même. Les effets sont dès lors masqués en grande partie par l'émission propre du platine et leur étude devient difficile.

Au point de vue théorique, les cathodes de Wehnelt ont donné lieu à de nombreuses discussions pour savoir si le mécanisme de l'émission était un mécanisme chimique ou un mécanisme intrinsèque. La théorie chimique a été soutenue en particulier par Fredenhagen [1] et Horton [2]. Le premier attribue l'émission à la recombinaison du métal alcalinoterreux avec l'oxygène libéré par l'électrolyse de l'oxyde. Le second a constaté aussi une électrolyse partielle de l'oxyde. Fredenhagen remarque de plus que l'oxyde disparaît peu à peu pendant l'émission, que la cathode émet continuellement des gaz, que le platine sous-jacent est corrodé, que l'émission électronique du

---

[1] FREDENHAGEN, *Ber. der Sächs. Ges. der Wiss.*, 65, p. 42, 1913 ; *Phys. Zeitschr.*, 15, p. 21, 1914.

[2] HORTON, *Phil. Mag.*, 11, p. 505, 1906 ; *Phil. Trans.*, 214, p. 277, 1911.

calcium est fortement accrue par l'introduction dans l'ampoule de traces d'air.

Mais ces arguments ne paraissent pas sans réplique. D'abord Fredenhagen lui-même, ainsi que Horton (ce dernier opérait avec un filament de lampe Nernst), ont constaté que l'oxyde a toujours la même émission à la même température, que le chauffage soit réalisé par voie électrique ou autrement. D'autre part, d'après Wehnelt et Liebreich [1], la perte d'oxyde peut s'expliquer par l'évaporation combinée avec la pulvérisation qui provient du bombardement par les ions positifs. Les gaz ne sont émis que dans les débuts de la chauffe, et le platine ne se corrode pas moins quand il est pur que quand il est recouvert de chaux. Enfin, d'après Horton lui-même, la chaux a un pouvoir émissif bien supérieur à celui du calcium métallique, ce qui explique l'influence de traces d'oxygène sur l'émission.

Cette controverse a perdu de son intérêt depuis que des recherches récentes sont venues apporter des arguments si probants à la théorie de l'émission intrinsèque qu'il paraît actuellement difficile ne de pas s'y rallier, au moins dans le cas général.

D'abord Germershausen [2] a montré qu'après extraction aussi complète que possible des dernières traces de gaz, l'émission des cathodes de Wehnelt devenait plus intense qu'auparavant et presque aussi constante que celle d'un filament de tungstène. Un travail beaucoup plus important encore a été publié récemment par Arnold [3] et ses collaborateurs. Cet auteur avait d'abord en vue de réaliser des cathodes de Wehnelt à émission aussi constante que possible, de manière à établir un modèle de lampe à trois électrodes susceptible d'être utilisé comme élément interchangeable dans des amplificateurs pour relais téléphoniques. Ce problème industriel a pu être résolu d'une manière très satisfaisante, puisque la Western Company a pu, par application des procédés Arnold, fabriquer déjà plus de 500.000 lampes à cathodes de Wehnelt.

Le premier artifice employé a consisté à remplacer les oxydes alcalinoterreux purs par des mélanges contenant deux ou trois de ces oxydes, mélanges dont l'émission surpasse de beaucoup celle des oxydes purs. Un second perfectionnement a consisté dans le choix très bien étudié du support métallique (alliage de platine et d'iridium à 6 % d'iridium), et dans la tech-

(1) Wehnelt et Liebreich, *Phys. Zeitsch*, 15, p. 557, 1914. *Verh. der Deutsch. Phys. Ges.*, 15, p. 1047, 1913.

(2) Germershausen, *Phys. Zeitsch.* 16, p. 104, 1915.

(3) H. D. Arnold, *Phys. Rev.*, 16, p. 70, 1920.
Davisson et Pidgeon. *Phys. Rev.*, 15, p. 553, 1920.
Davisson et Germer, *Phys. Rev.*, 15, p. 330, 1920.

nique de la fabrication de la couche active. Celle-ci est obtenue en délayant des oxydes ou carbonates alcalinoterreux dans la résine ou la paraffine, et appliquant des couches successives de ces mélanges sur le support : on chauffe chaque fois le fil ou la lame qui sert de support de manière à carboniser la matière organique, puis à la brûler. Après un dernier chauffage à 1.200 degrés, on finit par obtenir une couche très adhérente au métal, qui contient 2 à 3 milligrammes de baryte et de strontiane par centimètre carré, et qui, à l'abri de l'humidité et du gaz carbonique, se conserve sans altération pendant plusieurs années.

Tous les progrès de la technique du vide sont appliqués à l'évacuation des ampoules à émission électronique construites avec ces filaments et on arrive à réaliser des vides de 10^{-7} à 10^{-9} microns de mercure. On obtient alors des émissions considérables et parfaitement régulières, ce qui permet de déterminer les constantes de la formule de Richardson. Les valeurs de la constante a ont varié, suivant la teneur du filament en oxyde, entre 8×10^4 et 24×10^4. Quant à la constante b elle va de 19.400 à 23.800. Elle est donc notablement plus petite que pour les métaux purs, ce qui correspond à un accroissement notable du pouvoir émissif. Des traces de gaz, inférieures à un micron de mercure, peuvent avoir une forte influence sur l'émission (nous verrons plus loin qu'il en est de même pour les métaux purs). L'oxygène et l'oxyde de carbone diminuent les courants recueillis dans de très fortes proportions, l'hydrogène les augmente.

Des faits très curieux ont été observés en chauffant dans un très bon vide une lame recouverte d'oxyde dans le voisinage d'une lame métallique nue. On fait ainsi distiller une très faible quantité d'oxyde sur le métal pur, quantité qui peut être appréciée par diverses méthodes. On peut dès lors étudier comment varie le pouvoir émissif d'une lame métallique à une température donnée, en fonction de l'épaisseur de la couche d'oxyde qui la recouvre. Le résultat est le suivant : il suffit de déposer une couche *monomoléculaire* de chaux sur un tiers environ de la surface du métal pour que le pouvoir émissif devienne à peu près celui de l'oxyde. On constate même que si on augmente progressivement l'épaisseur de l'oxyde, l'émission commence par monter très rapidement à une valeur beaucoup plus élevée que celle qui correspond au métal et à l'oxyde, pour redescendre bientôt à la valeur qui correspond à l'oxyde massif. Il y a là un exemple très frappant de la sensibilité extrême des phénomènes thermioniques aux moindres traces d'impuretés superficielles. Les molécules d'oxyde déposées sur le filament semblent agir comme des soupapes qui faciliteraient la sortie des électrons contenus dans le métal, sans intervenir par aucune action chimique directe. Un autre fait qui vient à l'appui de la même idée est que, si l'on prolonge pendant un temps suffisant (plusieurs heures) l'expérience d'émission par un filament recouvert d'une trace d'oxyde, le poids total des électrons recueillis finit par surpasser vingt ou trente fois le poids même de l'oxyde. Il paraîtrait difficile d'interpréter ce fait dans une théorie faisant appel à des actions chimiques.

Signalons enfin que Arnold a observé quelquefois d'une manière accidentelle des émissions beaucoup plus fortes que les émissions normales fournies par les mélanges d'oxydes alcalinoterreux. Peut-être ces émissions sont-elles dues à des mélanges fortuits d'impuretés avec les oxydes normaux. Ceci conduirait à faire une étude systématique des mélanges de matériaux réfractaires : il n'est pas impossible que l'on soit conduit à découvrir des substances plus actives encore que celles qui sont actuellement utilisées.

Pour compléter l'étude des cathodes de Wehnelt, il importe de signaler qu'elles se prêtent avec une facilité particulière à la production de faisceaux de rayons cathodiques intenses et presque linéaires. Si en effet on dépose sur une lame de platine une très petite tache de chaux, et si on la porte au rouge dans le vide, il est possible de se placer dans des conditions telles que l'émission du métal soit tout à fait négligeable vis-à-vis de celle de l'oxyde, de sorte que celui-ci pourra être considéré pratiquement comme émettant seul des électrons. Il devient dès lors possible de soumettre le rayon cathodique produit à l'action d'un champ magnétique, et cela dans des conditions telles que l'action magnétique puisse être séparée d'une manière complète de l'action électrique qui a donné naissance au rayon. Avec un champ magnétique convenablement orienté, le rayon cathodique s'incurve pour décrire une trajectoire circulaire, et la détermination du rayon de la trajectoire permet de calculer par des formules classiques le rapport e/m pour les particules en mouvement. Cette méthode de mesure de e/m pour l'étude détaillée de laquelle nous renverrons aux mémoires originaux, a été proposée par Wehnelt [1], mais perfectionnée surtout par Bestelmeyer [2]. Ce dernier a obtenu le nombre $1{,}766 \times 10^7$ en unités électromagnétiques. Ce nombre paraît être exact à moins de $1\ 2\ \%$ près. Il est d'ailleurs en accord très satisfaisant avec toutes les autres déterminations obtenues par les moyens les plus divers, de sorte que l'identité des particules qui transportent le courant thermionique négatif dans le vide avec les corpuscules cathodiques ne saurait plus faire aucun doute.

[1] WEHNELT, *Ann. der Phys.*, 14, p. 425, 1904.
[2] BESTELMEYER, *Ann. der Phys.*, 35, p. 909, 1911.

CHAPITRE V

DISTRIBUTION DES VITESSES ET ÉCHANGES D'ÉNERGIE
|DANS L'ÉMISSION ÉLECTRONIQUE

Nous avons admis dans ce qui précède que les électrons émis à une température donnée dans le vide par un métal incandescent forment à l'extérieur un gaz électronique qui a toutes les propriétés d'un gaz parfait. Ses particules sont animés de vitesses distribuées autour de leur valeur moyenne suivant la loi de Maxwell, et cette valeur moyenne peut se calculer par les mêmes méthodes que pour une molécule d'un gaz à la même température, en utilisant les formules classiques de la théorie cinétique. Ces hypothèses, qui ont servi de base aux raisonnements théoriques du chapitre III, peuvent se justifier, comme on l'a vu page 19, par des considérations qualitatives d'ordre général. Mais il est plus satisfaisant de les soumettre au contrôle de l'expérience directe. Cette tâche a été entreprise et menée à bien par Richardson et ses élèves, et nous allons résumer brièvement les méthodes dont ils se sont servis.

Si on admet les formules de la théorie cinétique ([1]), et si on désigne par n le nombre total des électrons *émis* par unité de temps et de surface, si, d'autre part on cherche, parmi ces électrons émis, ceux dont la composante de vitesse normale à la surface est comprise entre u et $u + du$, et dont les composantes tangentielles de vitesse sont comprises entre v et $v + dv$, w et $w + dw$, on trouve pour ces nombres les expressions

$$(16) \quad \begin{cases} n \times 2\, hmu\, e^{-hmu^2}\, du \\[2mm] n \sqrt{\dfrac{hm}{\pi}}\; e^{-hmv^2}\, dv \\[2mm] n \sqrt{\dfrac{hm}{\pi}}\; e^{-hmw^2}\, dw. \end{cases}$$

---

[1] Nous renvoyons pour le détail des formules et des calculs aux livres suivants : EUGÈNE BLOCH, *Théorie cinétique des gaz* ; RICHARDSON, *Emission*, p. 156 et suiv.

Dans ces expressions, m représente comme précédemment la masse d'un électron et h est relié à la température absolue par la formule déjà utilisée

$$(17) \qquad h = \frac{1}{2\,k\,T} .$$

On peut remarquer en passant que, d'après les expressions (16), l'énergie cinétique moyenne d'un électron émis est $2\,k\,T$, et non pas $\frac{3}{2}\,k\,T$ comme celle d'une molécule gazeuse en équilibre thermique à la même température. Cela tient à ce que les grandes vitesses sont plus fréquentes dans un courant d'électrons émis que dans un système d'électrons en équilibre statistique à une température donnée.

1. Distribution des composantes normales des vitesses. — La première des expressions (16) a été vérifiée d'abord par Richardson et Brown ([1]). L'appareil utilisé est représenté sur la figure 7. Il comprend un condensateur plan de faible épaisseur, dont l'armature supérieure U, reliée à un électromètre, permettait de recueillir les électrons émis normalement par la bande de platine H portée à l'incandescence dans le vide. Cette bande est dans le même plan que l'électrode inférieure L, de manière à assurer autant que possible l'uniformité du champ.

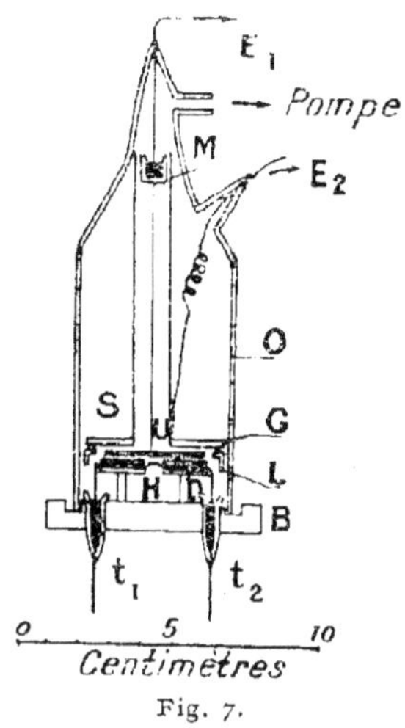

Fig. 7.

Si l'armature inférieure est au même potentiel que l'armature supérieure ou à un potentiel plus bas, les électrons émis parviendront aisément à l'armature supérieure. Si au contraire on établit entre les deux armatures une différence de potentiel antagoniste croissante (lame incandescente positive par rapport à l'armature supérieure), le courant recueilli à l'électromètre diminuera progressivement et un calcul facile montre que le courant recueilli est relié à la tension antagoniste V par la relation

$$(18) \qquad \log \frac{i}{i_0} = -\frac{N\,e}{RT}\,V .$$

dans laquelle N et R représentent comme précédemment le nombre d'Avo-

([1]) RICHARDSON et BROWN, *Phil. Mag.*, 16, p. 353, 1908.

gadro et la constante des gaz parfaits rapportée à une molécule-gramme. i_0 est le courant initial, quand le champ est nul.

Les résultats d'une expérience sont représentés sur la figure 8. On a porté en abscisses les tensions V et en ordonnées les courants i. On a aussi, sur le même graphique porté en ordonnées les logarithmes des courants i. On voit que la loi exponentielle (18) est très convenablement vérifiée. La pente de la droite obtenue n'est d'ailleurs pas quelconque. Elle doit permettre de calculer en valeur absolue la constante des gaz parfaits R. Or de nombreuses expériences ont fourni des valeurs numériques comprises entre $6,9 \times 10^7$ et 10×10^7 et dont la moyenne, égale à $8,34 \times 10^7$ se trouve, par un heureux hasard, extrêmement voisine du nombre théorique $8,32 \times 10^7$.

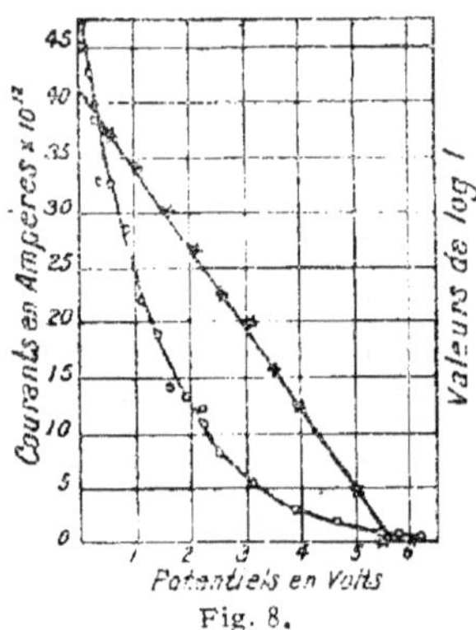

Fig. 8.

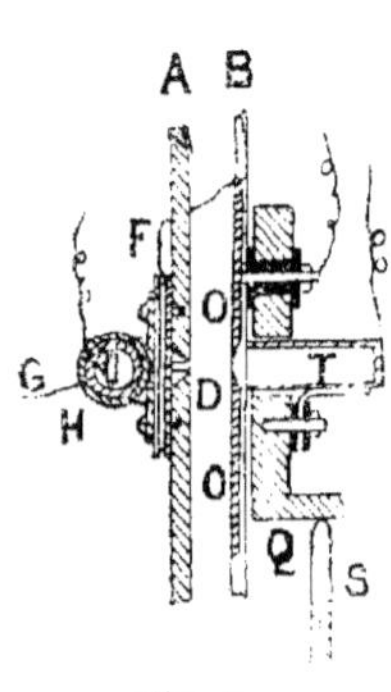

Fig. 9.

2. Distribution des composantes tangentielles.

— L'étude de la distribution des composantes tangentielles des vitesses, faite aussi par Richardson [1], donne des renseignements plus complets que la précédente. L'appareil utilisé est représenté en coupe sur la figure 9. Les deux plateaux parallèles A et B sont munis chacun d'une fente médiane (perpendiculaire au plan de la figure). La première est remplie par une lame de platine D qui sera portée au rouge dans le vide. Un champ électrique accélérateur entraîne les électrons émis vers la seconde plaque, et une partie d'entre eux pénètre, à travers la seconde fente, dans un cylindre de Faraday T placé en arrière et relié à un électromètre sensible. Une vis micrométrique, dont la pointe S est visible sur la figure, permet de déplacer dans son propre plan la plateau B, en entraînant le cylindre de Faraday qui lui est rigidement fixé. On peut ainsi recueillir successivement les électrons émis normalement et obliquement par la lame chauffée, et, par un montage convenable de l'électromètre, comparer à ces

(1) RICHARDSON, *Phil. Mag.*, 16, p. 890 1908; 18 p. 681, 1909.

courants partiels le courant total recueilli par l'ensemble du plateau B.

Si les électrons étaient émis sans vitesses initiales, le moindre champ accélérateur les dirigerait tous normalement vers le plateau B, de sorte que les courants recueillis par le cylindre de Faraday n'auraient d'intensité notable que lorsque la fente du plateau B est exactement en face de la lame incandescente. En fait il n'en est pas ainsi ; et si l'on construit la courbe qui a pour abscisses les distances de la fente à sa position initale et pour ordonnées les courants mesurés à l'électromètre on peut déduire de sa forme la loi de distribution des vitesses tangentielles parmi les électrons émis. On trouve que l'accord qualitatif et quantitatif avec la loi de Maxwell (seconde et troisième expression 16) est satisfaisant, surtout si le potentiel accélérateur n'est pas trop grand.

Plusieurs causes perturbatrices viennent diminuer la précision que l'on peut attendre d'expériences de ce genre. D'abord si l'émission électronique devient très intense, on ne peut plus négliger, comme nous l'avons fait jusqu'à présent, la répulsion mutuelle des électrons. Les calculs deviennent beaucoup plus compliqués, et la correction est difficile. De pareils calculs ont été entrepris par Schottky (¹) dans le cas d'une électrode cylindrique froide entourant un fil cylindrique incandescent, et l'expérience semble les vérifier. Il semble d'ailleurs que, dans les expériences de Richardson, les courants émis soient restés assez faibles pour que la correction ne soit guère nécessaire. Mais nous verrons dans le chapitre suivant que le phénomène de répulsion mutuelle des électrons peut, dans d'autres cas, prendre une influence tout à fait prépondérante.

Une deuxième cause d'erreur réside dans la réflexion partielle que les électrons subissent en rencontrant le plateau B, réflexion dont il est difficile d'apprécier l'importance exacte. Il semble, d'après les expériences de Richardson et aussi d'après certains essais de von Baeyer (²) que les électrons à très faible vitesse puissent dans certains cas se réfléchir dans la proportion de 30 %, ce qui rendrait l'interprétation de certaines mesures beaucoup moins aisée.

Enfin la chute de potentiel que le courant de chauffage entretient le long du filament apporte aussi d'importantes perturbations lorsque le champ accélérateur est faible. Aussi Von Baeyer et après lui Schottky ont-ils été amenés à faire passer le courant de chauffage par intermittence, et à relier l'électrode qui recueille les électrons à l'électromètre pendant les intervalles où le courant de chauffage ne passe pas. Ce résultat est obtenu par l'emploi

---

(1) SCHOTTKY, *Ann. der Phys.*, 44, p. 1011, 1914.

(2) VON BAEYER, *Verh. der Deutsch. Phys. Ges.*, 10, p. 96 et 953, 1908 ; *Phys. Zeitsch.* 10, p. 168, 1909.

d'un commutateur tournant, et élimine entièrement la cause d'erreur signalée. Nous serons amenés à revenir sur ce point au chapitre VI.

Des expériences dues à un élève de Richardson, S. L. Ting ([1]) semblent prouver que la question de la loi de distribution des vitesses dans l'émission électronique aurait besoin d'une révision. Cet auteur, opérant sur le platine et le tungstène constate que la loi de Maxwell est certainement satisfaite, mais que la vitesse moyenne des électrons émis est en général plus grande que celle que l'on pourrait calculer à partir de la température du filament : elle correspondrait à une température environ double. Ce fait encore inexpliqué mériterait une étude nouvelle. Quoi qu'il en soit, un résultat important paraît ressortir de toutes ces mesures : la distribution des vitesses électroniques en dehors du métal satisfait à la loi de Maxwell. C'est la première fois que cette loi se trouve vérifiée directement dans le détail, et non pas seulement par la mesure d'une vitesse moyenne. La possibilité d'une pareille vérification provient de ce que les particules étudiées portent des charges électriques et que la sensibilité des mesures électrométriques est très élevée.

3. Chaleur latente d'évaporation des électrons. — Nous avons signalé au paragraphe 1 de ce chapitre que l'énergie cinétique moyenne d'un électron émis par un métal à la température T est égale à $2\,k\,$T. D'autre part nous avons introduit dans nos raisonnements, au chapitre III, le travail nécessaire pour extraire un électron d'un métal à la même température, travail que nous avons désigné par φ. Ainsi quand un électron s'échappe du métal, il faut lui fournir en moyenne l'énergie $\varphi + 2\,k\,$T, et si le courant de saturation recueilli par centimètre carré est i, l'énergie totale qu'il aura fallu communiquer aux électrons qui le composent sera

$$(19) \qquad \mathrm{W} = \frac{i}{e}\,(\varphi + 2\,k\,\mathrm{T}) = i\left(\mathrm{V} + \frac{2\,\mathrm{R}}{\mathrm{N}e}\,\mathrm{T}\right),$$

en supposant que le travail d'extraction φ soit équivalent à celui qui est nécessaire pour surmonter la chute de potentiel V. Cette énergie peut être comparée à la chaleur latente d'évaporation d'un liquide, et de fait nous avons déjà été amenés au chapitre III à introduire cette notion dans nos raisonnements thermodynamiques (nous négligions à ce moment l'énergie cinétique des électrons émis).

Comme le courant d'émission électronique croît extrêmement vite avec la température, la formule (19) montre que la chaleur latente dont il est question croît également très vite, et un calcul simple montre qu'elle doit deve-

<hr>

[1] S. L. Ting, *Proc. Roy. Soc.*, 98, p. 374, 1921.

nir fort appréciable à des températures aisément accessibles. On peut donc se proposer de la mettre en évidence par des expériences directes. La formule (19) montre que, si l'on y réussit, on aura en même temps trouvé un nouveau moyen d'atteindre les différences de potentiel de contact entre le métal et le vide qui jouaient déjà un rôle important dans la formule de Richardson.

La première tentative pour mettre en évidence cet effet est due à Wehnelt et Jentzsch ([1]). Ces auteurs utilisaient une cathode de Wehnelt chauffée dans le vide et constituant une des branches d'un pont de Wheatstone. Si sa résistance à la température de l'expérience est ρ et si le courant de chauffage est I, il faudra, au moment où le fil sera chargé négativement et se mettra à émettre des électrons, augmenter le courant de chauffage et le porter à la valeur $1 + d1$ pour maintenir constante la température du filament malgré la perte d'énergie W. En égalant l'énergie électrique supplémentaire ainsi communiquée au filament et l'énergie correspondant à la chaleur latente d'évaporaion des électrons, on obtient aisément la relation.

$$2 \rho \, 1 \, dI = i \left[V + \frac{2}{N} \frac{R}{e} (T - T_0) \right] \cdot$$

Le terme en T_0 a été introduit pour tenir compte de ce que les électrons émis par le filament à la température T y ont pénétré par les extrémités froides du circuit à la tempértaure T_0.

La formule précédente, dans laquelle toutes les quantités peuvent être évaluées par l'expérience sauf V, permet de calculer cette différence de potentiel, et par suite de comparer les résultats avec ceux que l'on déduisait de la formule de Richardson. Malheureusement les expériences sont fort difficiles et nécessitent de grandes précautions et d'assez nombreuses corrections. Il faut tenir compte en effet de l'action du courant thermionique lui-même sur le galvanomètre destiné à constater l'équilibre du pont de Wheatstone, et aussi de l'altération de la distribution des températures le long du filament qui est due à la même cause. Enfin il faut opérer dans un vide suffisamment avancé pour qu'aucune ionisation du gaz résiduel par les chocs des électrons ne soit à craindre, sans quoi les ions positifs recueillis par le filament peuvent lui apporter une chaleur qui masque le refroidissement dû à l'émission électronique.

Ces précautions n'ont été prises complètement pour la première fois que dans les expériences de Cooke et Richardson ([2]), qui ont opéré avec des filaments d'osmium, et ultérieurement avec des filaments de tungstène. Les valeurs obtenues pour V ont été en moyenne de 4,7 volts avec l'osmium

(1) Wehnelt et Jentzsch, *Verh. der Deutsch Phys. Ges.*, 10, p. 610, 1908 ; *Ann. der Phys.*, 28, p. 537, 1909.
(2) Cooke et Richardson, *Phil. Mag.*, 25, p. 628, 1913.

et de 4,63 volts avec le tungstène. On en déduit pour la constante b de la formule (6) (page 18), les valeurs 54.000 et 56.200. Ces valeurs sont en accord satisfaisant avec celles que l'on déduisait de la loi de Richardson (voir le tableau de la page 31).

L'étude difficile des cathodes de Wehnelt a été reprise au point de vue actuel dans toute une série d'expériences récentes, dues à Cooke et Richardson [1], Wehnelt et Liebreich [2], et en dernier lieu W. Wilson [3]. Ce dernier utilisant les cathodes de Wehnelt étudiés par la Western Company, dont les propriétés ont été signalées page 35, a pu obtenir des résultats tout à fait réguliers. Il a mesuré sur les mêmes cathodes la chaleur d'évaporation des électrons et les constantes de la formule de Richardson. Les valeurs des différences de potentiel de contact déduites des deux séries de mesures concordent très convenablement, ainsi qu'en témoigne le tableau suivant :

COMPOSITION DE L'OXYDE	V DÉDUIT DE LA FORMULE DE RICHARDSON	V DÉDUIT DE LA CHALEUR LATENTE
BaO 50 %, SrO 50 %	2,02 2,16	1,97 2,28
BaO 50 % SrO, 25 % CaO 25 %	2,34 2,59	2,39 2,54
CaO	3,28 3,49	3,22 3,51

Lester [4] a aussi étudié, par la méthode de Cooke et Richardson, le molybdène, le carbone, le tantale et le tungstène. Les valeurs des différences de potentiel de contact entre le métal et le vide déduites de ses mesures de chaleurs latentes sont, en volts,

$$4,588 \qquad 4,55 \qquad 4,511 \qquad 4,478.$$

Elles sont assez voisines pour que l'on puisse se demander si elles ne seraient pas en réalité exactement égales. La même remarque paraissait déjà ressortir d'ailleurs du tableau de la page 31, obtenu dans l'étude de la loi de

(1) COOKE et RICHARDSON, *Phil. Mag.*, 26, p. 472, 1913.

(2) WEHNELT et LIEBREICH, *Phys. Zeitsch*, 15, p. 548, 1914.

(3) W. WILSON, cité par Arnold, *Phys. Rev.*, 26, p. 78, 1920. Voir aussi, *Procced. Nat. Acad. of Science*, 3, p. 426, 1917.

(4) LESTER, *Phil. Mag.*, 31, p. 197, 1916.

Richardson. Si cette égalité des potentiels devait se confirmer par la suite on devrait en conclure, ainsi qu'il a déjà été dit page 25, que les différences de potentiel de contact apparentes dans le vide entre deux quelconques des métaux appartenant à la liste précédente est nulle.

4. Chaleur dégagée dans l'absorption des électrons. — On sait depuis longtemps que les électrons émis par un métal peuvent être animés, sous l'influence d'un champ électrique, d'une énergie cinétique suffisante pour porter par leurs chocs une électrode métallique à une température très élevée. Mais, même si les électrons atteignent une surface métallique avec une vitesse nulle, ils dégageront une certaine quantité d'énergie en traversant la surface pour pénétrer dans le métal, et il en résultera un échauffement du métal qui pourra servir de mesure au travail accompli. Ce phénomène, inverse du précédent et comparable au dégagement de chaleur qui accompagne la condensation d'un gaz à l'état liquide, peut donner lieu à une nouvelle méthode de mesure de la différence de potentiel au contact entre le métal et le milieu environnant.

L'expérience a été faite par Cooke et Richardson ([1]). Un filament d'osmium est chauffé dans le vide au voisinage d'une lame métallique froide et l'on établit entre le filament et la lame une petite différence de potentiel juste suffisante pour permettre aux électrons d'atteindre la lame. La chaleur dégagée dans celle-ci est mesurée en équilibrant sa résistance au pont de Wheatstone et en mesurant ses variations. De grandes précautions doivent être prises pour tenir compte, ici encore, d'un déséquilibre possible du pont par le courant thermionique lui-même et aussi de l'effet Joule de ce courant thermionique. Enfin, comme la différence de potentiel appliquée au système pour recueillir les électrons ne saurait être nulle, on est amené à opérer avec des tensions faibles et décroissantes, et à extrapoler la courbe obtenue jusqu'à la limite qui correspondrait à une tension nulle. Il y aurait évidemment lieu de tenir compte de la différence de potentiel de contact, ce qui amènerait encore à faire une correction.

Les résultats de mesures aussi difficiles ne peuvent pas prétendre à une grande précision. Néanmoins il est remarquable que les valeurs de la différence de potentiel de contact entre le métal et le vide déduites de ces mesures concordent d'une manière satisfaisante avec celles qui avaient été obtenues dans l'étude de la chaleur de vaporisation.

Il y aurait intérêt à reprendre les mesures avec des filaments de tungstène et à utiliser tous les progrès de la technique du vide.

---

[1] COOKE et RICHARDSON, *Phil. Mag.*, **20**, p. 173, 1910; **22**, p. 404, 1911.

CHAPITRE VI

LES COURBES DE SATURATION DANS L'ÉMISSION ÉLECTRONIQUE PURE

1. Dans les chapitres précédents, nous avons toujours admis que les courants électroniques mesurés étaient les courants de saturation, c'est-à-dire que la différence de potentiel établie entre cathode et anode était suffisante pour recueillir la totalité des électrons émis.

Cette hypothèse ne paraît soulever aucune difficulté au premier abord. Supposons en effet que la cathode soit un fil incandescent tendu suivant l'axe d'une anode cylindrique concentrique, — disposition qui a été comme on sait fréquemment adoptée. Négligeons les vitesses d'émission des électrons, de manière à pouvoir les considérer comme des particules presque immobiles groupées au voisinage du fil incandescent. Il est clair que le moindre excès de potentiel du cylindre extérieur sur le filament mettra les électrons en marche vers le cylindre, et qu'ils y parviendront tous s'ils sont assez peu nombreux pour ne pas exercer d'influence mutuelle les uns sur les autres, et si d'autre part le vide est suffisant pour qu'aucun d'eux ne soit détourné de son chemin par la rencontre de molécules du gaz. Le courant mesuré doit donc être le courant de saturation.

Si l'on ne néglige plus les vitesses initiales des électrons, notre conclusion reste vraie a fortiori. Les électrons, quelle que soit la direction de leur vitesse initiale, seront lancés vers le cylindre extérieur, et y parviendront même si aucune différence de potentiel n'existe entre les deux électrodes. Bien mieux, la saturation doit encore être à peu près atteinte quand on établit entre les électrodes un faible champ antagoniste, qui n'arrête que les électrons les plus lents. Remarquons en passant que, dans l'évaluation de ce champ, ou, d'une manière plus générale, dans l'évaluation d'une petite différence de potentiel entre les deux électrodes, il faut tenir compte, s'il y a lieu, de la différence de potentiel apparente au contact : c'est après compensation de cette différence par une méthode potentiométrique que l'on appliquera les champs faibles dont il est question actuellement.

En résumé, on voit que dans le cas d'un champ cylindrique, le courant électronique doit être le courant de saturation même quand le champ est à peu près nul. Si le champ n'est plus cylindrique, si, par exemple, un filament incandescent rectiligne est placé au voisinage d'une plaque plane, cette conclusion peut se trouver légèrement modifiée, tout au moins dans le cas où on tient compte des vitesses d'émission. Ces vitesses étant dirigées dans tous les sens, on conçoit qu'un nombre appréciable d'électrons puisse échapper au champ et ne pas parvenir à la plaque froide, lorsque le potentiel de celle-ci n'est pas assez élevé. Pour nous rendre compte de l'importance de cet effet, rappelons-nous que les vitesses d'émission électroniques sont distribuées autour de leur vitesse moyenne suivant la loi de Maxwell, et que l'énergie cinétique moyenne des électrons émis à la température T est $2\,k\,T$. Il est très facile d'après cela de chiffrer les vitesses à une température donnée, ou, ce qui revient au même, d'indiquer les différences de potentiel que les électrons émis sont capables de surmonter. On trouve qu'à 2.400 degrés absolus, température réalisée couramment dans les lampes à filament de tungstène, 50 % des électrons seulement sont capables de surmonter une différence de potentiel de 0,143 volt. En un mot, une tension antagoniste de quelques dixièmes de volt suffit, à cette température, pour arrêter pratiquement tous les électrons. Il en sera de même a fortiori aux températures plus basses. On peut dire encore que, en établissant une différence de potentiel de quelques volts, une dizaine par exemple, entre anode et cathode, le champ qui en résultera sera largement suffisant dans tous les cas, pour triompher de la vitesse initiale des électrons et pour les ramener tous vers l'anode. Ainsi on prévoit que, même quand la disposition géométrique des électrodes est peu favorable à la saturation, celle-ci devra néanmoins être atteinte aussitôt que la tension appliquée dépassera dix volts.

Ces prévisions paraissent avoir été confirmées par l'expérience dans toutes les expériences thermioniques un peu anciennes, et les auteurs qui avaient eu à se préoccuper de la question n'y avaient rencontré aucune difficulté. La situation a changé lorsque les lampes à filament de tungstène sont venues permettre d'opérer à des températures plus élevées qu'on ne l'avait fait jusque-là, et d'obtenir des émissions électroniques se chiffrant non plus par microampères mais par milliampères ou dizaines de milliampères. L'intensité de ces émissions a permis d'observer certains faits tout à fait paradoxaux en apparence, et dont l'explication n'a pu être donnée que par une révision très soignée des conditions de saturation.

2. La loi de la puissance 3/2. — Déja certains faits anciennement connus et observables sur les lampes à incandescence ordinaires à filaments réfractaires (carbone ou tungstène) paraissaient difficiles à interpréter dans les idées courantes. Si une lampe de ce genre est allumée sur une tension continue, de 110 volts par exemple, elle sera traversée par un courant normal de l'ordre de 0,5 ampère et la température du filament sera de l'ordre de 2.000 degrés. Le courant fourni par le secteur doit servir non seulement au chauffage du filament mais aussi à l'alimentation du courant électronique qui passe nécessairement dans le vide de la lampe entre l'extrémité positive et l'extrémité négative du filament. Ce dernier courant n'est pas très grand à 2.000 degrés. Mais si l'on pousse la lampe en élevant légèrement la tension appliquée, de manière à porter le filament à 3.000 degrés, la formule de Richardson, dont les constantes sont assez exactement connues pour le tungstène, permet de prévoir une augmentation telle du courant électronique, que le courant d'alimentation de la lampe devrait croître d'une valeur bien supérieure à celle que donne l'expérience : cet accroissement, au lieu de se chiffrer par un ou deux dixièmes d'ampère, devrait atteindre un ampère, ou même davantage dans certains cas. Cette contradiction apparente entre l'expérience et la formule de Richardson s'explique aussitôt, si l'on admet que la différence de potentiel de l'ordre de 100 volts, qui provoque le passage du courant électronique, est très insuffisante pour saturer ce courant, si par conséquent la formule de Richardson devient inapplicable au cas actuel.

L'étude de ces faits paradoxaux auxquels d'autres sont venus se joindre par la suite, a conduit Langmuir a reprendre en détail l'étude des courbes de saturation et du mécanisme même de cette saturation. Il a été ainsi amené à des conclusions générales d'une grande portée, que nous allons examiner avec quelque détail.

Signalons d'abord un résultat expérimental qui, indiqué initialement par Lilienfeld ([1]), a été étudié complètement par Langmuir ([2]). Si on applique entre une cathode de tungstène portée à température élevée et une anode froide une différence de potentiel fixe de 100 volts par exemple, et si on cherche à construire la courbe qui représente le courant recueilli en fonction de la température, on peut s'attendre à retrouver la courbe classique de Richardson, et il en serait effectivement ainsi si la saturation était constamment réalisée. L'expérience montre en réalité que le courant, après avoir commencé à augmenter en conformité avec la loi de Richardson, finit par s'en écarter en prenant des valeurs moindres que les valeurs théoriques, et, aux températures élevées, devient *rigoureusement constant*. Ce résultat est bien visible sur les courbes de la figure (10), empruntées au mémoire de Langmuir. Ces

([1]) LILIENFELD, *Ann. der Phys.*, 32, p. 673, 1910 ; *Leipzig. Ber.*, 63, p. 534, 1911.
([2]) LANGMUIR, *Phys. Rev.*, 2 p. 453, 1913 ; *Langmuir's Record*, passim.

courbes, tracées en pointillé, représentent les courants recueillis à diverses
températures sous des tensions fixes de 60, 120, et 240 volts. La courbe en
trait plein représente la loi de Richardson. Ainsi, à partir d'une certaine
température, le courant que l'on peut extraire du vide avec une tension donnée
est lui-même donné : quel que soit le nombre d'électrons que l'on fera émettre
au filament, il est impossible, avec la tension dont on dispose, d'en extraire
plus qu'une quantité déterminée, réglée d'abord par cette tension, ensuite
par la disposition géométrique des électrodes. Tous les autres sont ramenés vers la cathode par un mécanisme qui reste à élucider.

L'explication des courbes de Langmuir doit être cherchée dans la répulsion
mutuelle des électrons émis par le filament. Cette répulsion, négligeable quand

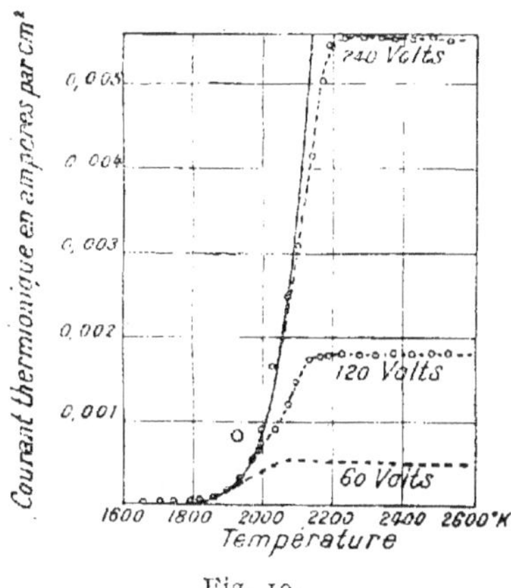

Fig. 10.

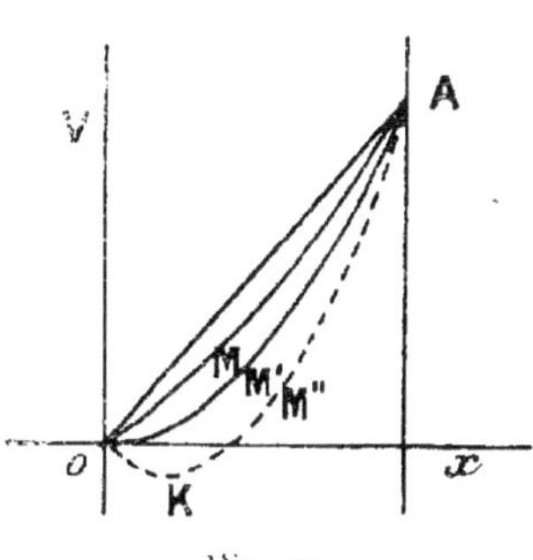

Fig. 11.

les électrons sont assez peu nombreux pour que le courant électronique ne
dépasse pas une petite fraction de milliampère, devient au contraire très
notable quand la température du filament est assez élevée pour que le courant électronique dépasse un milliampère. Il y a alors dans l'espace compris
entre les deux électrodes une charge négative, dont la densité en volume est
fort appréciable. Le champ de répulsion mutuelle qui en résulte vient se superposer au champ accélérateur de sorte que la saturation devient beaucoup
plus difficile. A partir d'un certain moment la charge spatiale devient telle
que le champ qu'elle produit ramène vers la cathode tous les électrons qui en
sortent : à partir de ce moment le courant n'augmente plus quelle que soit
la température du filament.

Pour préciser davantage le mécanisme qui vient d'être esquissé, exami-
nons le cas particulier d'une cathode incandescente plane indéfinie disposée

parallèlement à une anode froide également plane et indéfinie. Créons un champ uniforme entre ces deux électrodes, supposées placées dans le vide, en établissant entre elles une différence de potentiel V : les potentiels seront comptés à partir de celui de la cathode incandescente. Les électrons émis par celle-ci créent dans l'intervalle des plateaux une densité ρ de charges négatives qui détruit l'uniformité du champ. Si l'on prend comme axe des x la perpendiculaire commune aux deux plateaux et comme origine son point de rencontre O avec la lame chaude (fig. 11), la distribution des potentiels entre les deux lames sera régie par l'équation de Poisson

$$(20) \qquad \frac{d^2V}{dx^2} = -4\,\pi\,\rho.$$

Tant que ρ est faible, le second membre de l'équation peut être négligé, la distribution des potentiels reste linéaire : on peut la représenter par la droite OA. Si ρ n'est plus négligeable, l'équation (20) montre que la courbe qui représente V en fonction de x doit tourner sa concavité vers le haut, comme la courbe OMA de la figure. Cette déformation de la loi de distribution des potentiels ira en s'accentuant à mesure que la densité des charges négatives ira en augmentant, et il viendra un moment où la courbe deviendra tangente à l'origine à l'axe des x (courbe OMA de la figure). Le courant que la différence de potentiel V faisait passer à travers le gaz et qui avait toujours été en augmentant jusque-là cessera dès lors de croître, puisque le champ au voisinage de la cathode est devenu nul et n'a par suite plus aucune tendance à éloigner les électrons, si toutefois la vitesse initiale de ceux-ci peut être négligée.

Il est facile de compléter cette explication qualitative par un calcul précis, en utilisant une théorie qui a été donnée sous sa forme première par J. J. Thomson [1] et complétée par Child [2]. Cherchons en effet la relation qui relie le courant i et la différence de potentiel V, à partir du moment où le courant a pris sa valeur limite. La vitesse v acquise par un électron de charge e (en valeur absolue) en un point où le potentiel surpasse de V le potentiel de la plaque chauffée est, en négligeant la vitesse initiale, donnée par la relation

$$(21) \qquad \frac{1}{2}\,mv^2 = V\,e.$$

[1] J. J. Thomson, *Passage de l'électricité à travers les gaz*, p. 223.
[2] Child, *Phys. Rev.*, 32, p. 498, 1911.

Si ρ est la *valeur absolue* de la densité de charge spatiale au point considéré, le courant sera donné par la relation

$$(22) \qquad i = \rho\, v,$$

avec la condition

$$(23) \qquad \frac{d^2 V}{dx^2} = 4\,\pi\,\rho.$$

L'élimination de ρ et de v donne

$$\frac{d^2 V}{dx^2} = 4\,\pi\,i\ \sqrt{\frac{m}{2\,Ve}}.$$

et, en tenant compte pour l'intégration de ce que $\dfrac{dV}{dx}$ s'annule pour $V = 0$,

$$\left(\frac{dV}{dx}\right)^2 = 8\,\pi\,i\ \sqrt{\frac{2\,m\,V}{e}}.$$

Intégrant maintenant une seconde fois en tenant compte de ce que V s'annule avec x, on trouve finalement la formule

$$(24) \qquad i = \frac{\sqrt{2}}{9\,\pi}\ \sqrt{\frac{e}{m}}\ \frac{V^{\frac{3}{2}}}{x^2}.$$

dans laquelle x représente la distance des deux lames. On voit que le courant croît proportionnellement à la puissance $3/2$ de la tension appliquée, le coefficient de proportionnalité ne dépendant que du rapport e/m et de la distance des plateaux.

Les expériences de vérification quantitatives que l'on pourrait tenter ne sont évidemment pas faciles à réaliser en champ uniforme. Mais Langmuir a pu reprendre le calcul dans le cas d'un champ cylindrique créé entre une électrode intérieure chauffée et une électrode extérieure froide. La formule obtenue, analogue à la précédente, est

$$(25) \qquad i = \frac{2\,\sqrt{2}}{9}\ \sqrt{\frac{e}{m}}\ \frac{V^{\frac{3}{2}}}{\beta^2 r}.$$

en désignant par r le rayon du cylindre extérieur et par β le développement en série

$$\beta = \log\frac{r}{a} - \frac{2}{5}\left(\log\frac{r}{a}\right)^2 + \frac{11}{120}\left(\log\frac{r}{a}\right)^3 - \frac{47}{3\,300}\left(\log\frac{r}{a}\right)^4 + \ldots$$

Dans ce développement a représente le rayon du fil chauffé. Le coefficient β tend rapidement vers l'unité quand le rapport r/a augmente, et pour peu que le rayon du cylindre atteigne une vingtaine de fois celui du fil, l'erreur commise en remplaçant β par 1 devient inférieure au centième.

La formule (25) est plus facile à vérifier quantitativement que la formule (24). La réalisation d'un champ cylindrique du type indiqué est en effet assez aisée. Dushman [1] chauffait un fil de tungstène tendu dans l'axe d'un cylindre de molybdène, ce dernier étant prolongé de part et d'autre de ses extrémités par deux cylindres de même diamètre formant anneaux de garde. Il a pu ainsi vérifier avec une grande précision la proportionnalité du courant à la puissance $3/2$ de la tension. La connaissance du coefficient de proportionnalité jointe à celle du rayon du cylindre extérieur, permet d'après la formule (25), de calculer le rapport e/m pour les électrons qui prennent part au transport des charges. Le nombre obtenu a été 1.755×10^7 unités électromagnétiques. On voit que son accord avec la valeur habituellement admise est très satisfaisant, et cette confirmation de la théorie de Langmuir est très précieuse. On peut même songer à utiliser l'expérience précédente comme une nouvelle méthode de précision pour la détermination du rapport e/m.

Langmuir a montré que la loi

$$(26) \qquad\qquad i = k \, V^{\frac{3}{2}}$$

qui exprime la proportionnalité du courant à la puissance $3/2$ de la tension appliquée, démontrée par la théorie pour un champ uniforme et un champ cylindrique, puis vérifiée expérimentalement dans ce dernier cas, était encore valable pour un champ de forme quelconque, pourvu que l'émission électronique soit assez intense pour mettre en jeu le mécanisme de la répulsion mutuelle des électrons par charge spatiale. De nombreuses vérifications expérimentales ont été faites sur des tubes à électrodes variées, et des considérations très simples de dimensions permettent de comprendre pourquoi la loi de la puissance $3/2$ doit rester valable. Les formules (21) et (22) sont en effet valables dans tous les cas. Si on y multiplie la tension V par un facteur arbitraire p et en même temps le courant i par le facteur $p^{\frac{3}{2}}$ l'élimination de v entre les deux équations donne

$$\rho = p\,i \sqrt{\frac{m}{2\,V}\,\frac{}{e}},$$

---

[1] Dushman, *Phys. Rev.*, 4, p. 121, 1914.

ce qui montre que la densité ρ a été multipliée par le facteur p comme la tension. Ces deux grandeurs seront donc encore reliées par la relation générale de Poisson

$$\Delta V = 4 \pi \rho.$$

Ainsi la loi de la puissance 3/2 semble régir d'une manière tout à fait générale les phénomènes de transport de courant par les électrons avant la phase de saturation.

Avant de laisser de côté ces considérations d'ordre théorique, il importe d'observer que nous avons négligé explicitement les vitesses initiales des électrons pour arriver aux formules (24) et (25). Quelle correction conviendrait-il de faire pour en tenir compte ? La réponse complète à cette question nécessite des calculs assez compliqués. Mais on peut sans peine indiquer d'une manière qualitative quel doit être le sens de la correction. Si en effet les électrons sont animés d'une vitesse initiale non nulle dans le sens de l'axe des x (fig. 11), lorsque le champ électrique au contact de l'électrode chauffée sera devenu nul (courbe OM A) les électrons pourront encore parvenir à une distance de cette électrode telle que le champ y ait une valeur différente de zéro, et par suite être entraînés jusqu'à l'anode. Le courant maximum n'est donc pas encore atteint. La densité des charges négatives pourra continuer à croître dans l'intervalle des plateaux et la courbe de distribution des potentiels prendre une forme encore plus concave, analogue à la courbe OM″A tracée en pointillé sur la figure 11. On voit qu'alors le champ au contact de la cathode sera de sens contraire à celui qui existe dans la région anodique et que le point K pour lequel le potentiel est minimum et le champ nul est rejeté à quelque distance de la cathode. C'est lorsque la chute de potentiel antagoniste ainsi créée dans le milieu entre la cathode et le point K de potentiel minimum aura pris une valeur suffisante pour arrêter pratiquement tous les électrons projetés par la cathode que le courant sera dans l'impossibilité de croître davantage et que le palier des courbes (fig. 10) sera atteint.

Les hypothèses qui servent de base à la théorie développée ci-dessus étant réalisées cette fois entre le point K de la courbe correspondant au minimum et le point A de l'anode, la formule (24) continuera à s'appliquer à condition de désigner par V la différence de potentiel entre les points A et K (différence un peu supérieure à la tension appliquée) et par x la distance du point K à l'anode (distance un peu inférieure à celle des lames).

On a vu précédemment que les vitesses d'émission des électrons correspondent, en moyenne, à des chutes de potentiel de quelques dixièmes de volt au maximum. Si donc la tension appliquée à l'anode est suffisante, si par exemple elle est de 100 volts, la portion de la courbe OM A comprise entre l'origine et le minimum K sera extrêmement ramassée au voisinage de l'origine et le minimum du potentiel sera lui-même peu inférieur à zéro. En d'autres termes la correction à apporter aux formules précédentes sera insignifiante. Il n'y aura donc pas lieu en général d'en tenir compte, sauf si l'on se proposait, par exemple, une détermination précise du rapport e/m en valeur absolue.

3. Les autres obstacles à la saturation. — Nous venons d'étudier en détail la cause principale qui retarde la saturation des courants électroniques : c'est la charge spatiale créée par les électrons aussitôt que le courant thermionique est assez intense, et la répulsion mutuelle qui en est la conséquence. Mais, en plus de cette cause fondamentale, il y en a plusieurs autres, qui peuvent dans certains cas jouer un rôle important.

Une des plus anciennement connues réside dans les défauts d'homogénéité du filament. Si ces défauts sont tels que l'émission électronique n'ait pas la même valeur en des points voisins du filament incandescent, il s'établira des différences de potentiel locales entre ces points, et les champs électriques qui en résulteront joueront encore le rôle de champs antagonistes par rapport au champ accélérateur principal qui dirige les électrons vers l'anode. La saturation ne sera atteinte que lorsque la tension appliquée prédominera sur les tensions locales.

Dans le même ordre d'idées, on peut montrer que l'introduction dans l'ampoule d'un conducteur ou d'un isolant quelconque portant une charge électrique non nulle créera un champ électrique susceptible d'interférer avec le champ principal. Ce champ supplémentaire pourra détourner une partie des électrons de leur trajectoire normale et gêner également la saturation. Il en est ainsi en particulier dans certains tubes dont l'anode froide et la cathode incandescente sont séparés par une distance bien supérieure à leurs dimensions propres. Les électrons émis par la cathode peuvent aller se porter en partie sur le verre de l'ampoule et s'y accumuler de telle sorte que la répulsion qu'ils exercent sur les électrons émis ultérieurement change complètement le régime de fonctionnement du tube. C'est ainsi que s'expliquent plusieurs faits d'apparence paradoxale qui ont été signalés à divers reprises (voir *Langmuir's Record*). C'est ainsi également que l'on peut comprendre que certains expérimentateurs aient cru observer une *diminution* considérable des courants électroniques quand le vide devenait meilleur : cette diminution apparente était due à une charge progressive des parois de l'ampoule, et non, comme on le pensait, à la décroissance de certaines actions chimiques dues au gaz.

Un autre exemple de la même espèce est fourni par le tube Coolidge destiné à la production des rayons X. On sait que dans ce tube, la cathode incandescente est entourée d'une électrode annulaire non chauffée mais portée au même potentiel, dont la forme est choisie de telle sorte que les électrons émis par la cathode convergent avec plus d'exactitude sur l'anticathode. La présence de ce conducteur supplémentaire empêche la loi de la puissance 3/2 de s'appliquer au tube Coolidge (elle s'applique au contraire quand le conducteur supplémentaire est supprimé). Ce résultat implique une perturbation dans la loi de saturation facile à interpréter d'après ce qui précède.

Lorsque la perturbation dans la loi de saturation est ainsi apportée par un conducteur supplémentaire porté à un potentiel convenable, le tube étudié devient un tube à trois électrodes, l'anode joue le rôle de « plaque », et le conducteur auxiliaire est la « grille », pour nous servir de la terminologie habituelle. On peut donc ranger tous les effets perturbateurs de la saturation dont il est question en ce moment sous le nom d'*effets de grille* produits par certaines parties du système sur les autres parties.

Enfin un dernier obstacle est apporté à la saturation par le courant même qui sert à chauffer le filament cathodique. Ce courant intervient d'ailleurs de deux façons, l'une et l'autre nuisibles à la saturation. En premier lieu, il existe le long du filament (supposé chauffé par une batterie d'accumulateurs) une chute de potentiel qui, dans bien des cas, atteint plusieurs volts (de 4 à 20). Si les tensions appliquées à l'anode sont comptées à partir de l'extrémité négative du filament, il est évident que tant qu'elles resteront faibles, elles commenceront par extraire un courant électronique de l'extrémité négative, mais n'arriveront à en extraire aussi de l'extrémité positive que quand leur valeur dépassera le potentiel de cette extrémité. Ainsi, même si les courants partiels extraits à chaque instant sont saturés, il y aura un accroissement d'ensemble qui se produira peu à peu et qui masquera complètement les saturations vraies. Si de même les courants partiels recueillis à l'anode sont encore dans la phase qui précède la saturation et où ils satisfont à la loi de la puissance 3/2 cette loi sera également masquée par l'accroissement apparent supplémentaire dû à la même cause. Cette dernière circonstance se produit dans la pratique avec les filaments de tungstène fortement chauffés, tant que l'anode cylindrique est à un potentiel qui n'excède pas celui de l'extrémité positive du filament. Dans ce cas, le courant qui passe entre les parties du filament qui sont à un potentiel inférieur à l'anode et l'anode (parties seules actives dans l'expérience) est proportionnel à la puissance 3/2 du potentiel anodique. D'autre part, la partie du filament chauffé susceptible d'envoyer ses électrons à l'anode a une longueur qui croît évidemment en raison directe du potentiel de celle-ci. De sorte qu'au total le courant recueilli sera proportionnel à la puissance 5/2 de la tension anodique, au lieu de la puissance 3/2.

Le courant de chauffage empêche encore la saturation par un autre mécanisme. Il produit en effet dans son voisinage un champ magnétique, qui incurve la trajectoire des électrons et les empêche de parvenir directement à l'anode. Cette action s'ajoute évidemment à la précédente pour élever la tension nécessaire à l'obtention de la saturation.

Des expériences déjà citées de Von Baeyer et de Schottky (page 41) ont montré que l'on pouvait se mettre complètement à l'abri des perturbations provenant du courant de chauffage, en utilisant un chauffage intermittent, et mesurant le courant électronique pendant les intervalles où le courant de chauffage est supprimé : ce résultat est obtenu par l'emploi d'un commutateur tournant, qui établit automatiquement un certain nombre de fois par seconde les communications électriques entre le filament et la batterie de chauffage, puis, après suppression de ces communications, les remplace par des connexions entre le filament, l'anode, la batterie de haute tension et l'appareil de mesure des courants. Si le commutateur est à fonctionnement suffisamment rapide, on peut admettre que le filament n'a pas le temps de se refroidir pendant les intervalles où il n'est pas chauffé, de sorte que les expériences se font à une température aussi bien connue que dans le montage classique. Schottky a pu montrer que, dans ces conditions, la saturation pouvait être obtenue avec des champs beaucoup plus faibles que précédemment, champs qui sont même pratiquement nuls si les électrodes sont des cylindres concentriques.

En résumé, on voit que les obstacles à la saturation dont nous venons de faire l'étude peuvent être supprimés par des précautions convenables. Il en est tout autrement ici que dans le cas de la charge spatiale négative, dont l'existence est inhérente au phénomène lui-même et dont les conséquences sont inévitables.

4. Les diverses parties de la courbe de saturation. — Pour conclure ce chapitre nous tracerons avec Langmuir, les diverses parties de la courbe de saturation, en ne tenant compte que des causes essentielles qui règlent sa forme.

1° Supposons le filament de tungstène qui sert de source d'électrons porté à une température telle que le courant thermionique de saturation soit de l'ordre de un milliampère. Maintenant la température constante pendant toute la durée des expériences, nous allons augmenter progressivement la tension de l'anode, et construire la courbe qui représente le courant en fonction de la différence de potentiel (caractéristique volts-ampères).

Tant que la tension du cylindre froid est fortement négative par rapport
à celle du filament ([1]), aucun électron ne peut lui parvenir et le courant est
nul. Le courant commence à prendre une valeur mesurable quand la tension
du cylindre ne diffère plus de celle du filament que de un volt environ. C'est
à ce moment en effet que les vitesses initiales des électrons émis par le filament commencent à être capables de surmonter en partie le champ antagoniste qui s'oppose à leur mouvement et à parvenir jusqu'à l'électrode froide.
Cet effet va aller en s'accentuant à mesure que la tension du cylindre se

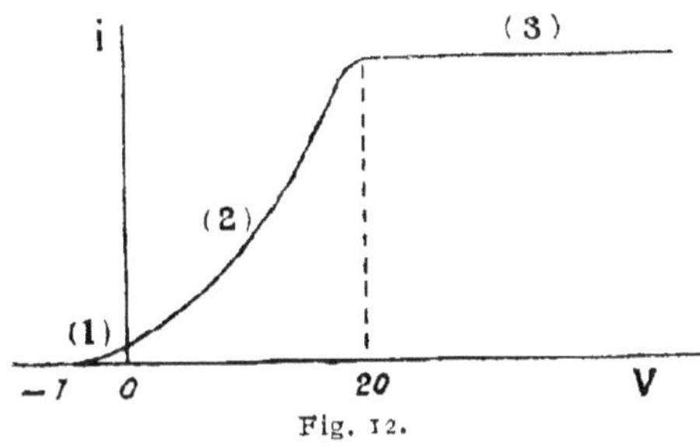

Fig. 12.

rapprochera de celle du filament (cette dernière est prise comme zéro), et
la portion de courbe ainsi tracée (région 1) a une forme qui dérive immédiatement de la loi de distribution de Maxwell. Il est facile de voir que cette
portion serait rectiligne si on portait *en ordonnées* les logarithmes des courants
au lieu des courants eux-mêmes.

2⁰ Supposons maintenant que le potentiel du cylindre devienne positif.
Le courant recueilli par le cylindre va dès lors augmenter rapidement,
puisque le champ est dirigé dans un sens favorable au transport des
électrons du filament vers le cylindre. Mais, comme on suppose que le
courant de saturation peut atteindre un milliampère, le nombre des électrons émis est assez grand pour faire intervenir le mécanisme de répulsion
mutuelle qui a été étudié en détail plus haut. Le courant va donc croître
proportionnellement à la puissnace 3/2 de la tension appliquée. On obtient
ainsi la région 2 de la courbe de saturation, ou région correspondant au
phénomène de charge spatiale. Cette seconde région doit être distinguée
de la première et est régie par une loi totalement différente. Si on voulait
obtenir pour cette portion de courbe un tracé rectiligne, il faurdrait porter
en abscisses et en ordonnées les logarithmes des variables V et *i* au lieu de ces

(1) Nous admettons que par un artifice analogue à celui du commutateur tournant
signalé plus haut, le filament soit maintenu à un potentiel constant pendant les mesures

variables elles-mêmes. Dans le cas particulier où nous sommes placés d'un courant de saturation de 1 milliampère, cette portion de courbe se prolongera jusqu'à une abscisse de l'ordre de 20 volts.

3° Enfin à partir d'une tension suffisante sur l'anode, on atteindra la saturation, c'est-à-dire une région 3 de la courbe pour laquelle le courant ne changera plus quelle que soit la tension appliquée. Cette portion de courbe est une droite horizontale sans qu'il soit besoin d'employer aucune coordonnée logarithmique. Le courant de saturation obtenu ne peut varier que si on fait varier en même temps la température du filament incandescent. La variation suit alors la loi de Richardson. Aussi peut-on considérer cette troisième portion de notre caractéristique comme régie par une nouvelle loi, entièrement indépendante des deux précédentes, la loi de Richardson.

Les trois portions de courbe que nous venons de distinguer, et qui correspondent chacune à une des propriétés des électrons émis (loi de distribution de Maxwell, loi de la puissance 3/2 due à la charge spatiale, loi de Richardson) existent quelle que soit la température du filament. Mais elles sont plus ou moins développées suivant les circonstances de l'expérience. Si, par exemple, avec le tube à électrodes cylindriques coaxiales dont il a été question jusqu'à présent, on opère à une température assez basse pour que le courant de saturation ne dépasse pas quelques microampères, le phénomène de charge spatiale disparaît pratiquement d'une manière complète et la courbe est réduite aux portions 1 et 3 : la montée de la courbe se fait dans la région des volts négatifs peu différents de zéro (à cause des vitesses initiales), et la saturation est atteinte aussitôt après, à partir de tensions pratiquement nulles. Si au contraire la température du filament est assez élevée pour que le courant de saturation atteigne plusieurs dizaines de milliampères, les courants initiaux deviennent comparativement tellement faibles que la région 1 disparaît presque totalement. Au contraire la région 2 qui correspond à la loi de la puissance 3/2 est plus développée, et peut s'étendre jusqu'à des abscisses de 100 et même de 200 volts. La saturation est donc difficile, et le palier horizontal 3 ne sera atteint que pour des tension anodiques fort élevées. Le *Langmuir's Record* renferme de nombreux contrôles de ces prévisions, qui ont été poursuivis dans leurs moindres détails.

CHAPITRE VII

— ——— —

LE ROLE DES GAZ DANS L'ÉMISSION ÉLECTRONIQUE

1. — La présence d'un gaz dans l'ampoule où l'on étudie l'émission électronique change souvent d'une manière complète l'aspect des phénomènes
observés. Si la pression et le champ électrique sont convenablement réglés,
les électrons émis pourront rencontrer les molécules du gaz et, dans l'intervalle de deux chocs, acquérir une énergie cinétique suffisante pour les ioniser.
Il faut pour cela que la différence de potentiel qui accélère leur mouvement
pendant l'intervalle des chocs dépasse une valeur critique, variable d'un
gaz à un autre, et appelée le *potentiel d'ionisation* du gaz. Si des ions positifs nombreux prennent naissance par ce mécanisme, leur mouvement dans
le champ, qui a lieu en sens inverse de celui des électrons, pourra provoquer
un accroissement important du courant total, surtout si les ions positifs
acquièrent une énergie cinétique suffisante pour provoquer à leur tour une
ionisation supplémentaire par collision. Les circonstances sont alors favo-
rables à l'amorçage d'une décharge disruptive.

Ces phénomènes bien connus qui se produisent dans tous les gaz à des
pressions et dans des champs relativement élevés, entraînent des augmen-
tations considérables des courants de saturation que l'on peut observer à
une température donnée : leur étude sort du cadre de notre exposé et nous
ne la pousserons pas plus loin. Nous n'insisterons pas davantage sur la question de savoir si, lors du choc d'un électron contre une molécule neutre,
l'électron perd pratiquement d'une manière complète son excès d'énergie
(cas du choc mou), ou si au contraire l'électron change simplement de direction en conservant en partie ou en totalité sa force vive acquise (cas du choc
partiellement ou totalement élastique). C'est là un problème très important,
qui a donné lieu depuis quelques années à de nombreuses recherches se
rattachant à la question des potentiels de résonance et des potentiels d'ioni-

sation. Nous nous contenterons de remarquer que, suivant les hypothèses faites sur la nature des chocs électroniques contre les molécules neutres, les courants satisferont à des lois de variation en fonction de la tension appliquée que l'on peut prévoir dans chaque cas, et qui changeront notablement d'un cas à l'autre. Nous renverrons aux mémoires et ouvrages spécialement consacrés à ces questions pour leur étude détaillée ([1]).

Nous nous contenterons ici d'étudier l'influence sur l'émission électronique des fils incandescents d'une *très faible* quantité de gaz, dont la pression ne dépassera pas en général 10 microns de mercure. Dans ces conditions les phénomènes d'ionisation par chocs pourront encore se produire, mais ils ne deviendront pas absolument prépondérants. On évitera en particulier les complications provenant du voisinage de la décharge disruptive. Même limitée de cette manière, la question de l'influence des gaz présente encore, comme nous allons le voir, d'importantes complications, dont beaucoup n'ont pas encore été entièrement débrouillées.

2. L'influence considérable de *traces* de gaz sur l'émission électronique des corps incandescents n'a pas été reconnue dès le début. Ainsi dans les expériences fondamentales de Mac Clelland, dont il a été question plus haut ([2]), les courants thermioniques avaient été trouvés indépendants de la pression depuis 0,04 mm. de mercure jusqu'à la limite inférieure de 0,004 mm. On en avait conclu que, dans les conditions de ces expériences, la pression de 0,04 mm. de mercure était assez basse pour que les électrons émis par le filament incandescent ne rencontrassent plus de molécules du gaz pendant leur trajet vers l'anode. L'ionisation par chocs étant ainsi supprimée, on comprenait que le rôle du gaz eût lui-même disparu. Aussi dans les expériences peu postérieures à celles-là, ne prit-on aucune précaution spéciale pour pousser le vide jusqu'à ses extrêmes limites. Ainsi, dans es expériences de Richardson faites en vue d'étudier la loi d'émission électronique en fonction de la température, et qui ont donné lieu au mémoire fondamental de 1903 ([3]) la pression était simplement maintenue en permanence au-dessous de 0,001 mm. de mercure : ce vide était, semble-t-il, suffisant pour éviter toute complication due au gaz.

Les difficultés ont commencé à apparaître avec le travail de H. A. Wilson sur l'émission du platine dans divers gaz, travail à peine postérieur à celui

---

[1] Voir par exemple à ce sujet : RICHARDSON, *Émission*, p. 79 ; LÉON BLOCH, *le Radium*, 11, p. 358, 1919.

[2] Page 9.

[3] RICHARDSON, *Phil. Trans.*, 201, p. 497, 1903.

de Richardson ('). Cet auteur constata que les courants électroniques obtenus avec le platine dans un gaz très raréfié étaient à peu près indépendants de la nature du gaz quand celui-ci est de l'air, de l'azote ou de la vapeur d'eau. Au contraire l'émission est énormément augmentée par la présence de traces d'hydrogène. Wilson fut ainsi conduit à attribuer à l'hydrogène occlus une influence prépondérante dans l'émission thermionique du platine. Il chercha alors à réduire cette émission en réduisant la quantité d'hydrogène. Dans certaines expériences, le fil de platine, avant d'être chauffé dans le vide, est soumis à l'action prolongée d'agents oxydants; il est par exemple chauffé pendant de nombreuses heures dans l'acide nitrique. L'émission thermionique est réduite dans des proportions frappantes : dans l'un des essais elle était devenue 250.000 fois plus petite qu'auparavant. Ces expériences furent reprises par Richardson et donnèrent lieu à de nombreuses discussions dont quelques résultats seront indiqués plus loin.

Le fait de l'influence considérable de l'hydrogène sur l'émission thermionique du platine fournissait un argument très important aux partisans de la théorie chimique du phénomène. On pouvait en effet penser que, malgré l'impossibilité de réduire tout à fait à zéro l'émission du platine, même après un traitement oxydant très prolongé, l'émission résiduelle n'en était pas moins due à la présence de dernières traces d'hydrogène, et que, à la limite, l'émission du platine pur dans le vide complet serait nulle. Cette manière de voir trouva encore d'autres justifications dans certaines expériences faites sur les métaux alcalins ou les sels chauffés. Il fallut la mise en œuvre des métaux réfractaires comme le tungstène et le molybdène, combinée avec une technique plus perfectionnée du vide, pour montrer qu'il était nécessaire de revenir à la théorie intrinsèque, et que le cas compliqué du platine restait relativement isolé. Nous reviendrons plus loin sur ce cas. Pour l'instant nous allons abandonner l'ordre historique et commencer l'étude de l'influence des gaz par le cas qui apparaît actuellement sous l'aspect le plus simple : celui du tungstène placé dans une atmosphère très raréfiée d'un gaz à peu près inerte au point de vue chimique.

3. Tungstène dans un gaz inerte sous pression très réduite. — Nous supposerons que le filament de tungstène destiné à servir de source d'électrons a été placé dans une ampoule munie d'une autre électrode et que le vide complet a été fait d'abord dans l'ampoule, en utilisant l'ensemble des précautions qui ont été signalées au chapitre II. L'expérience étant ainsi préparée, on introduit dans l'ampoule une trace de l'un des gaz suivants : argon, vapeur

(1) H. A. WILSON, *Phil. Trans.*, 202, p. 262, 1903.

de mercure ou hydrogène. La pression ne devra pas dépasser quelques millièmes de millimètres de mercure. Les deux premiers gaz peuvent être considérés comme complètement inertes au point de vue chimique vis-à-vis du tungstène. Le troisième peut donner lieu, comme nous le verrons plus loin, à certaines réactions, mais, au point de vue actuel, il se comporte à peu près comme les deux autres.

Il est facile d'indiquer dans le cas très simple où nous nous supposons placés, la modification que la présence du gaz fait subir aux courants thermioniques. Nous donnerons le résultat sous la forme que lui a donnée Langmuir, à la suite de très nombreuses expériences. A cet effet, reportons-nous à la courbe de saturation que l'on peut construire à une température donnée dans le vide complet, et dont les diverses particularités ont été étudiées au chapitre précédent. Cette courbe est reproduite sur la figure 13 en même

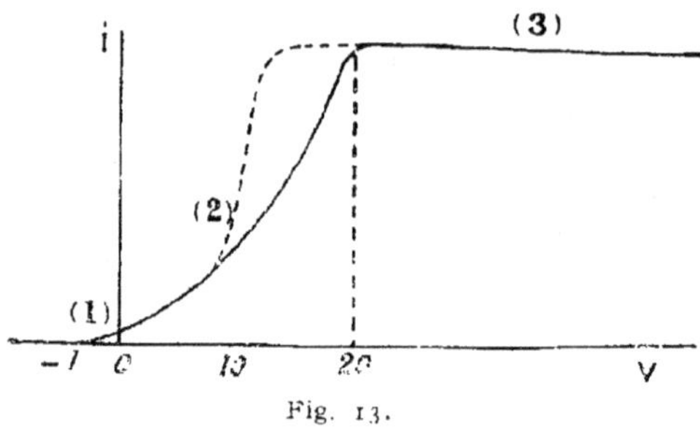

Fig. 13.

temps que l'on a tracé en pointillé la déformation d'une partie de la courbe par la présence du gaz.

On voit que la première partie de la courbe (région I), qui correspond à l'existence de vitesses électroniques initiales distribuées suivant la loi de Maxwell, ne se trouve nullement modifiée. Il en est de même de la région 2, correspondant à la présence d'une charge spatiale et à la loi de la puissance 3/2, tout au moins jusqu'à une certaine tension critique qui, sur la figure, est de 10 volts environ. A partir de cette tension, on voit que la loi de la puissance 3/2 n'est plus satisfaite : le courant augmente *plus vite* que ne le suppose cette loi et peut même, comme sur la figure, augmenter tellement vite que la courbe de courant monte presque verticalement. Enfin, pour une tension un peu supérieure à la précédente, on arrive de nouveau à la saturation : le courant redevient constant, avec *la même valeur* que celle qu'il atteignait dans le vide complet.

Ces résultats sont remarquables à plusieurs points de vue, bien que leur interprétation donnée par Langmuir ne paraisse pas présenter grande difficulté. Aucune modification de la courbe n'est constatée avant un certain potentiel critique parce que, aux faibles tensions, les électrons n'acquièrent pas, pendant leur passage à travers le gaz, d'énergie cinétique suffisante pour provoquer l'ionisation par collisions. Le potentiel critique à partir duquel la courbe se relève brusquement est le potentiel d'ionisation du gaz. Dans les cas où le relèvement est assez brusque, l'abscisse de la courbe qui lui correspond peut être calculée avec une certaine précision : on a ainsi un procédé de détermination des potentiels d'ionisation, qui a été utilisé en particulier par Foote (¹), et qui donne des résultats en bonne concordance avec les autres méthodes.

Lorsque le potentiel d'ionisation du gaz est atteint, les électrons qui, malgré la raréfaction du gaz, rencontrent quelques molécules, commencent à en provoquer l'ionisation par chocs, ce qui fait apparaître une certaine quantité d'ions positifs. Ces ions positifs se mettent en mouvement vers le fil incandescent qui sert de cathode. Mais, comme leur masse est de beaucoup supérieure à celle des électrons, ce mouvement sera relativement lent, de sorte que, en admettant même que leur charge n'ait pas été neutralisée en cours de route par la rencontre d'un nouvel électron, ils ne transporteront à travers le gaz qu'un courant supplémentaire insignifiant. On ne peut donc pas attendre de la faible ionisation par chocs qui a lieu dans le gaz raréfié une modification importante du courant. Cette prévision est bien confirmée par l'examen de la portion de courbe qui correspond à la saturation puisque le courant de saturation est le même qu'en l'absence totale de tout gaz. Elle semble au contraire en désaccord apparent avec la portion de courbe représentée en pointillé, dont les ordonnées sont de beaucoup supérieures à celles de la courbe correspondante obtenue dans le vide. C'est que le mécanisme de l'accroissement du courant est ici une conséquence *indirecte* de l'ionisation par collision. Les ions positifs, quoique peu nombreux, séjournent relativement longtemps dans le gaz, puisque leur inertie est grande. Ils peuvent donc créer une charge spatiale positive qui, malgré la petitesse de leur nombre, devient comparable à la charge spatiale négative provenant des électrons. Dès lors que la charge spatiale est en bonne partie neutralisée, l'effet de répulsion mutuelle des électrons qui s'opposait à la saturation disparaît et il tend à en être de même de la portion 2 de l'ancienne courbe de saturation dans le vide, dont l'existence n'était due qu'à cette cause. On s'explique donc aisément, que, dès les débuts de l'ionisation par collision, la courbe de saturation se relève brusquement : ce n'est pas le nombre des électrons

<hr>

(1) FOOTE, *Phys. Rev.*, 13, p. 64, 1919.

émis qui se trouve augmenté, c'est seulement celui des électrons qui peuvent parvenir jusqu'à l'anode.

Il est possible de préciser par des nombres le raisonnement précédent, de manière à le rendre encore plus plausible. Supposons que le gaz étudié soit la vapeur de mercure sous une pression de 1/10 de micron. Les deux électrodes sont supposées éloignées de 1 cm. Le chemin moyen des électrons à la pression considérée est de l'ordre de 600 cm. Il y en aura donc en gros 1/600 qui passeront d'une électrode à l'autre en rencontrant des molécules de mercure. Si chaque collision avec une molécule est suivie d'ionisation, ce qui arrivera si le champ électrique est suffisant, il y aura production d'ions positifs en nombre 600 fois plus faible que celui des électrons. Si la mobilité de ces ions est par exemple 600 fois moindre que celle des électrons, le courant transporté par eux ne sera que la 360.000^e partie du courant primitif : il sera donc entièrement négligeable. Au contraire, la charge spatiale positive créée par ces particules 600 fois moins nombreuses mais 600 fois plus lentes que les électrons sera du même ordre de grandeur que la charge spatiale négative, de sorte qu'au total la charge spatiale deviendra sensiblement nulle et la courbe du courant se relèvera beaucoup plus vite.

Une dernière conclusion à tirer de ces résultats est la suivante. La présence d'une trace de gaz inerte dans une ampoule à émission thermionique ne peut être révélée que par une étude soignée et complète de la courbe de saturation. On croyait autrefois, et cette opinion est encore soutenue dans certains travaux récents, que la présence d'une trace de gaz se traduisait toujours, en vertu du mécanisme de l'ionisation par chocs, par un accroissement du courant de saturation. Cette opinion, certainement justifiée pour les pressions assez fortes pour que les ions produits par collison soient en nombre comparable à celui des électrons primitifs, ne l'est plus aux faibles pressions. Langmuir a signalé le cas de certaines ampoules dans lesquelles on avait introduit une trace de vapeur de mercure, suffisante pour que la décharge électrique y devînt visible sous forme d'une lueur bleue, et qui, néamnoins, fournissaient un courant de saturation égal à celui que l'on obtenait auparavant. Pour déceler la trace de gaz introduite, il faut construire la courbe du courant en fonction de la tension appliquée, en se plaçant au-dessous de la saturation, mais au-dessus du potentiel d'ionisation.

1. Tungstène dans un gaz chimiquement actif. — Dans le cas où on introduit dans l'ampoule à filament de tungstène une trace d'un gaz tel que l'oxygène, l'azote ou la vapeur d'eau, susceptible d'agir chimiquement sur le tungstène, les phénomènes thermioniques deviennent beaucoup plus compliqués. Il vient en effet se superposer aux effets précédents des particularités nouvelles qui découlent des modifications chimiques. Si par exemple le gaz actif peut donner avec le tungstène un composé qui ne soit pas trop volatil à la température du filament, ce composé se déposera à la surface du filament, et cette altération chimique entraînera, comme dans le cas des cathodes de Wehnelt, une altération de l'émission thermionique. A cet égard, on peut s'attendre a priori à deux espèces de modifications : si le composé formé est plus actif que le tungstène, l'émission thermionique devra être augmentée, elle sera au contraire diminuée dans le cas opposé.

En fait, on connaît depuis longtemps le composé $Tu\,O^3$ que donne l'oxygène avec le tungstène. Ce même composé peut se former dans la réduction de la vapeur d'eau par le tungstène. D'autre part, Langmuir a découvert, au cours de ses études sur les filaments de tungstène, des composés du tungstène avec l'hydrogène et l'azote, dont les formules chimiques sont très probablement $Tu\,H^2$ et $Tu\,N^2$. On peut donc s'attendre, avec tous les gaz cités, à des modifications de l'émission thermionique. Ces modification ont lieu en effet, et un fait des plus remarquables est que, dans aucun cas jusqu'ici, on n'ait constaté d'*augmentation* de l'émission. Pour tous les gaz chimiquement actifs l'émission thermionique est moindre que dans le vide. Rappelons ici, que pour les gaz chimiquement inertes étudiés ci-dessus, l'émission thermionique conserve la même valeur que dans le vide. Il s'agit, bien entendu, dans un cas comme dans l'autre, du courant de saturation, car, au-dessous de la saturation, nous avons vu que l'on peut arriver à observer, même avec les gaz inertes, des accroissements apparents du courant dus à la neutralisation partielle de la charge spatiale.

Le fait que, dans un gaz raréfié quelconque, l'émission électronique du tungstène n'est jamais plus grande que dans le vide complet, est un argument très fort en faveur de la théorie intrinsèque de l'émission. On comprendrait en effet difficilement qu'une émission due à des réactions chimiques entre le métal et le gaz résiduel atteignît sa valeur maximum quand le vide est fait aussi complètement que possible, c'est-à-dire quand on supprime avec le plus de soin possible toute cause de réaction.

Un second fait important que l'on observe avec les gaz chimiquement actifs, auxquels il faut joindre ici l'hydrogène, est leur disparition spontanée et progressive de l'ampoule contenant le filament de tungstène chauffé. Ce nettoyage spontané ([1]) de l'ampoule provoque une amélioration correspondante du vide, qui peut finir par devenir aussi bon qu'avant l'introduction de la trace de gaz. Il est clair que ce phénomène est une conséquence de la

---

[1] C'est ce que Langmuir appelle le « cleaning up effect ».

formation de certains composés chimiques nouveaux aux dépens des gaz introduits ou du tungstène, composés qui se déposent sur le filament ou sont absorbés par la paroi. Nous reviendrons plus loin sur certains de ces composés dont l'étude a conduit Langmuir à toute une série d'observations chimiques d'un grand intérêt.

Pour le moment nous nous contenterons de signaler, à titre d'exemple, les complications qui résultent de la présence d'une trace d'azote dans une ampoule thermionique à filament de tungstène. Les courbes qui résument les faits observés, et qui sont représentées sur la figure 14, sont empruntées à un mémoire de Langmuir [1].

Les expériences ont toutes été faites à la température de 2.100 degrés absolus. On porte en abscisses les tensions et en ordonnées les courants : les courbes tracées sont donc des courbes de saturation. La courbe en traits pleins représente la loi de la puissance 3/2 à laquelle doivent théoriquement satisfaire les courbes expérimentales dans leur partie moyenne. Les courbes en pointillé sont les courbes expérimentales obtenues avec des pressions d'azote qui sont respectivement de 0,0025 mm. (courbe I), 0,0010 mm. (courbe II), enfin 0,00016 mm. (courbe III). La courbe III, qui correspond à une pression d'azote très faible (moins de 2/10 de micron), a sensiblement le même aspect que si le vide était parfait. Elle se compose des trois portions classiques : la présence du gaz, à cette très faible pression ne se traduit par aucun résultat visible. Les deux autres courbes sont au contraire bien différentes. Elles s'élèvent d'abord plus vite que la courbe de la puissance 3/2, mais à partir d'une certaine tension, différente pour chacune d'elles, elles redescendent rapidement et tendent vers un courant limite. La montée rapide initiale de ces deux courbes s'explique aisément par les considérations déjà développées à propos des gaz inertes : elle est due à ce que l'ionisation par chocs a fait apparaître des ions positifs, dont la charge neutralise en partie la charge spatiale négative due aux électrons, ce qui provoque un écart par rapport à la loi de la puissance 3/2. Les effets

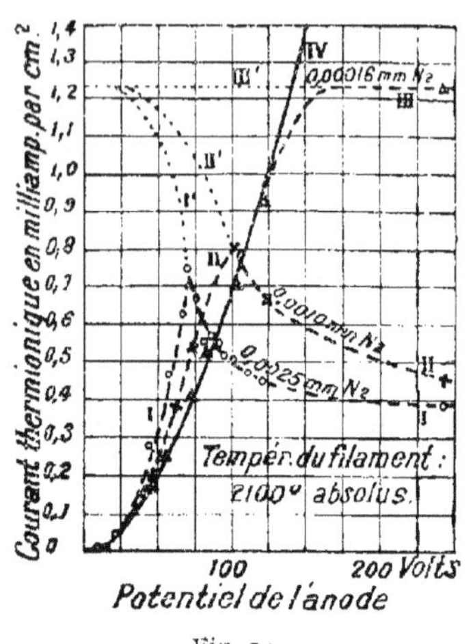

Fig. 14.

[1] LANGMUIR, Phys. Rev., 2, p. 450, 1913.

chimiques ne se manifestent que dans les portions descendantes des deux courbes. Pour une tension suffisante appliquée à l'anode, les ions positifs produits par collision et en marche vers le filament atteindront celui-ci en nombre suffisant pour se combiner avec les atomes de tungstène (probablement les atomes de la vapeur de tungstène émise par le filament) et former un nitrure susceptible de se déposer sur le filament. Plus la tension croît et plus la formation de ce nitrure se trouve favorisée. Le filament se recouvre donc de plus en plus de molécules du nouveau composé et l'émission thermionique tend progressivement vers celle qui correspondrait à ce composé. Les courbes I et II de la figure, qui donnent une image du taux de production croissante du nitrure de tungstène à la surface du filament, se combinent avec les anciennes courbes de saturation pour donner les courbes expérimentales I et II.

5. Platine dans l'hydrogène. — Nous allons maintenant revenir sur l'émission thermionique du platine dans une atmosphère d'hydrogène raréfié. Ce cas qui a été étudié l'un des premiers est aussi l'un des plus compliqués et a donné lieu à de nombreuses controverses.

Nous savons déjà que le platine, en présence d'une trace d'hydrogène, se comporte d'une manière opposée au tungstène, c'est-à-dire que le courant thermionique y est beaucoup plus grand en présence du gaz que dans le vide. H. A. Wilson [1], puis Richardson [2] ont fait sur ce sujet de nombreuses expériences, en partie contradictoires. Voici les faits les mieux établis.

En premier lieu la loi de Richardson est satisfaite dans tous les cas, mais les constantes a et b de la formule dépendent de la pression de l'hydrogène et de diverses autres circonstances expérimentales. Dans les premières expériences de H. A. Wilson, qui ont été faites avec des fils *neufs*, c'est-à-dire avec des fils qui n'avaient pas été chauffés longtemps dans l'hydrogène avant le commencement des mesures, le courant, à température constante, pouvait être représenté très exactement par une formule du type

$$(27) \qquad i = A\, p^{z},$$

où p représente la pression du gaz raréfié, et A et z des constantes indépendantes de la pression (mais dépendant de la température). La constante z restait comprise entre 0,5 et 1. Lorsqu'on passait d'une température à une autre, les constantes changeaient de valeur, mais il fallait un temps très

(1) H. A. WILSON, *Phil. Trans.*, 202, p. 263, 1903 ; *Ibid.*, 208, p. 247, 1908 ; *Proc. Roy Soc.*, 82, p. 71, 1909 ; *Electrical Properties of Flames*, p. 16, Londres, 1912.
(2) RICHARDSON, *Phil. Trans.*, 207, p. 1, 1906.

notable pour arriver au nouveau régime permanent : il est probable que c'est l'hydrogène dissous dans le platine qui joue le rôle le plus important et que cet hydrogène ne se met en équilibre avec le métal et le gaz restant qu'avec une certaine lenteur.

Les choses se présentent sous un aspect notablement différent quand on expérimente avec un *vieux* fil, c'est-à-dire avec un fil qui a été chauffé long-temps dans l'hydrogène. On trouve alors que l'émission est pratiquement indépendante de la pression depuis 1 mm. jusqu'à 0,001 mm. de mercure. De même, un fil qui a été saturé d'hydrogène à une température et à une pression relativement élevées peut, si on abaisse la pression, dégager des quantités assez considérables d'hydrogène sans que l'émission thermionique soit notablement altérée.

L'explication de ces particularités peut être cherchée dans les hypothèses suivantes : un fil neuf ne renfermerait que de l'hydrogène dissous. Au contraire un fil vieux se serait combiné partiellement à l'hydrogène, la combinaison se faisant d'ailleurs avec une extrême lenteur. A une température donnée il y aurait tendance à l'établissement d'un équilibre entre les quatre phases platine, hydrure de platine, dissolution de l'hydrogène dans le platine ([1]), et hydrogène gazeux : la tension de dissociation de l'hydrure aux températures atteintes dans ces expériences (au-dessous de 1.400 degrés) serait très faible (inférieure à 1/1000e de mm. de mercure) puisque l'activité d'un vieux fil ne peut pas être entièrement éliminée par chauffage prolongé dans le vide. Elle croîtrait d'ailleurs assez vite avec la température, puisque l'activité d'un vieux fil peut être détruite presque instantanément par chauffage dans une atmosphère d'oxygène. Ces considérations rendent compte de faits assez nombreux, en particulier de la différence très nette qui existe entre fils neufs et vieux.

Elles sont d'ailleurs loin de suffire, si on poursuit l'étude des phénomènes dans leurs moindres détails. Richardson et H. A. Wilson ont observé certaines bizarreries dans les variations des courants en fonction de la tension appliquée et en fonction du temps, dont on trouvera l'exposé détaillé dans leurs mémoires, et dont l'interprétation reste très douteuse. Le sujet mériterait encore de nouveaux efforts.

Nous n'insisterons pas longuement sur les essais théoriques que Richardson a tentés pour rendre compte de la variation de l'émission avec la pression. Remarquons seulement que la formule empirique (27) proposée par H. A. Wilson ne peut pas convenir pour toutes les pressions, puisqu'elle conduirait à un courant nul dans le vide complet, alors que le courant doit

---

(1. Il est même vraisemblable qu'une partie de cet hydrogène dissous est dissocié en ions.

se réduire à une valeur limite différente de zéro. On peut songer à remplacer la formule (27) par une formule du type

$$(28) \qquad i = A\, (1 + a\, p^b)$$

et montrer que les paramètres A, a, b et z peuvent être choisis de telle sorte que la formule (28) s'identifie, à une pression donnée, à la formule de Richardson.

Une remarque importante relative à l'effet des gaz sur l'émission thermionique est la suivante : toute variation de cette émission est liée, comme on l'a vu, à une variation de la différence de potentiel apparente au contact entre le métal étudié et un métal type (tel que le platine dans le vide) pris comme terme de comparaison. Par exemple le platine dans le vide et le platine dans l'hydrogène doivent présenter, à une température élevée donnée à l'avance, une différence de potentiel de contact fonction de la pression de l'hydrogène.

Dans un mémoire récent, Richardson et Robertson ([1]) ont abordé cette question pour le platine et le tungstène plongés dans l'hydrogène, en cherchant à mettre en évidence par voie thermionique les variations de la différence de potentiel. A cet effet ils ont, à une température donnée, construit les courbes donnant le courant thermionique en fonction de la tension appliquée, en se bornant aux tensions très faibles, c'est-à-dire aux débuts de la courbe de saturation. Ils ont constaté que cette courbe se déplaçait parallèlement à l'axe des abscisses sans déformation notable quand on introduit dans l'ampoule une faible quantité d'hydrogène. Il est naturel de considérer ce décalage de la courbe comme représentant le changement dans la différence de potentiel de contact entre le métal et le milieu gazeux. D'ailleurs l'ordre de grandeur des déplacements observés concorde bien avec les variations que permettent de prévoir les considérations théoriques auxquelles il a été fait allusion plus haut.

Lorsque les théories reliant les phénomènes thermioniques aux différences de potentiel de contact et aux phénomènes thermoélectriques auront été développées sur une base vraiment solide, des expériences de ce genre apporteront certainement des éclaircissements importants sur le mécanisme des phénomènes.

Nous signalerons ici les travaux qui ont été faits sur l'influence des gaz sur l'émission thermionique des *oxydes métalliques*. L'influence de l'hydrogène sur l'émission des cathodes de Wehnelt a été étudiée par Horton ([2])

(1) RICHARDSON et ROBERTSON, *Phil. Mag.*, 43, p. 162, 1922.
(2) HORTON, *Phil. Trans.*, 207, p. 149, 1907 ; *Proc. Roy. Soc.*, 91, p. 322, 1915.

et Martyn ([1]), qui ont observé tous deux, comme dans le cas du platine, des accroissements considérables d'émission, du moins quand la pression de l'hydrogène est suffisamment élevée. L'action chimique des ions hydrogène doit sans doute intervenir dans ce cas. D'autres gaz peuvent également modifier l'émission des cathodes de Wehnelt : Fredenhagen ([2]) et J. J. Thomson ([3]) en ont signalé divers exemples, mais ici encore les interprétations que l'on peut donner des résultats obtenus restent douteuses, et la voie reste ouverte à de nouvelles recherches. On peut rattacher au même groupe les expériences de Lilienfeld ([4]) qui a obtenu des résultats assez confus dans lesquels les traces de gaz jouent vraisemblablement un rôle assez important.

6. Les phénomènes chimiques aux très basses pressions. — Nous terminerons ce chapitre, consacré à l'influence des gaz raréfiés sur l'émission thermionique, en disant quelques mots de recherches d'ordre chimique qui ont été entreprises à l'occasion de l'étude de cette émission, et qui ont conduit Langmuir ([5]) et ses collaborateurs à plusieurs résultats très remarquables.

Lorsqu'on introduit un gaz très raréfié dans une ampoule vide qui contient un filament de tungstène incandescent et une électrode froide portée à un potentiel plus élevé, il peut arriver que les molécules du gaz subissent des transformations chimiques au contact du filament et que les produits de la transformation soient empêchés par le champ électrique et par la raréfaction même du gaz de se comporter comme à l'ordinaire. On constate alors certaines réactions chimiques tout à fait différentes de celles qui prendraient naissance si les molécules gazeuses pouvaient, comme aux pressions plus élevées, se heurter fréquemment, au lieu d'être lancées vers les parois de l'ampoule où elles sont fréquemment absorbées. Nous ne signalerons que quelques exemples, notre but étant simplement de montrer que les progrès de la chimie elle-même peuvent se trouver liés à des recherches qui, au premier abord, lui paraissaient bien étrangères.

En premier lieu, si l'on introduit une trace d'azote dans une ampoule vide à filament de tungstène, on constate, comme nous l'avons déjà vu, une disparition progressive de l'azote. En même temps le filament de tungstène diminue de poids et cette diminution est quantitativement la même que dans le vide. On en conclut à une combinaison entre l'azote et le tungstène, mais

([1]) Martyn, *Phil. Mag.*, 14, p. 306, 1907.
([2]) Fredenhagen, *Phys. Zeitsch.*, 15, p. 19, 1914.
([3]) J. J. Thomson, *Passage de l'électricité*, etc., p. 478.
([4]) Lilienfeld, *Ann. der Phys.*, 32, p. 675, 1910 ; 43, p. 24, 1914.
([5]) Langmuir, *Journal Am. Chem. Soc.*, 34, p. 860, 1912 ; 37, p. 417 et 1139, 1915.

qui aurait lieu seulement entre les molécules d'azote et celles de la vapeur de tungstène émise par le filament : chacune de ces molécules se combinerait à l'azote à mesure de son évaporation. La formule du composé formé résulte de la comparaison de la vitesse de disparition du gaz et de la vitesse d'évaporation du métal : elle correspond à Tu N². Ce composé peut se déposer en partie sur le filament et diminuer ainsi son pouvoir émissif pour les électrons (voir page 66). Mais le nitrure de tungstène peut aussi aller se déposer sur le verre même de l'ampoule. Il y forme un dépôt brun, facile à distinguer du dépôt noir de tungstène métallique. Si on ouvre le tube en y introduisant de l'air humide, il se répand une forte odeur d'ammoniaque.

Ces expériences ont été complétées par l'étude des réactions chimiques que l'on peut obtenir avec l'oxygène, l'hydrogène, les composés oxygénés du carbone, .etc. Il devient nécessaire, dans la plupart des cas, d'instituer une méthode d'analyse quantitative permettant d'étudier la composition de quelques millimètres cubes d'un mélange de plusieurs des gaz usuels cités ci-dessus. Langmuir a pu mener à bien ce travail et réaliser ces analyses à quelques centièmes près par l'emploi d'une véritable méthode eudiométrique.

Si l'on opère sur l'hydrogène, dans une ampoule à filament de tungstène, de platine ou de palladium chauffé au-dessus de 1.300 degrés absolus, une partie des molécules d'hydrogène qui frappent le filament sont dissociées en atomes. Cet hydrogène atomique, dont la formation a été contrôlée par des mesures précises de chaleur de dissociation jusqu'à des températures de l'ordre de 3.000 degrés, a des propriétés très curieuses. Il est très facilement absorbé par les parois de l'ampoule, particulièrement par les points de la paroi qui sont les plus froids. Si une partie de la paroi est refroidie avec de l'air liquide, elle absorbe des quantités relativement considérables d'hydrogène atomique. Comme d'autre part cet hydrogène a une activité chimique beaucoup plus grande que l'hydrogène moléculaire, il peut en résulter des conséquences inattendues. Si par exemple, on introduit dans l'ampoule primitivement vide une trace d'hydrogène, et si on attend que cet hydrogène ait pratiquement disparu par suite de sa dissociation progressive en atomes et de l'absorption de ces atomes par les portions de la paroi refroidie par l'air liquide, on constatera, en enlevant l'air liquide, un dégagement gazeux qu'il n'est plus possible de condenser à nouveau par une seconde application d'air liquide. En effet l'hydrogène atomique libéré au moment de l'enlèvement de l'air liquide a donné lieu par des combinaisons entre atomes à de l'hydrogène moléculaire sur lequel une paroi froide est sans action. Si, dans l'expérience précédente, après la disparition initiale de l'hydrogène, on introduit dans l'ampoule un peu d'oxygène, on constate fréquemment, en faisant l'analyse du gaz de l'ampoule aussitôt après, que celui-ci ne contient aucune trace d'oxygène mais est formé uniquement d'*hydrogène*. Ce résultat paradoxal s'explique en admettant que les molécules d'oxygène ont donné à froid avec les atomes d'hydrogène actif adsorbés par la paroi des molécules de vapeur d'eau qui sont restées au contact de la paroi froide. En même temps les chocs des molécules d'oxygène contre la paroi froide surchargée d'atomes d'hydrogène actif ont provoqué la libération d'un certain nombre de ces atomes qui se sont recombinés deux à deux pour régénérer des molécules d'hydrogène.

Des expériences très frappantes ont aussi été réalisées avec le chlore. Si on chauffe un instant un filament de tungstène dans une ampoule bien vidée à une température de 3.000 degrés absolus, il se volatilise en partie, et il se forme un dépôt noir de tungstène métallique sur la paroi de verre. Si maintenant on introduit à froid dans l'ampoule une trace de chlore, celui-ci n'attaque pas appréciablement le filament ni le dépôt, même si l'ampoule est chauffée à 200 degrés. Mais si on porte le filament au rouge blanc en maintenant l'ampoule froide, on voit disparaître rapidement le dépôt de tungstène *sur l'ampoule*, sans que le filament chauffé subisse d'altération visible. Il est vraisemblable que les molécules de chlore ont été dissociées en atomes actifs au moment de leurs chocs contre le filament chauffé et que les atomes ainsi produits, projetés en ligne droite vers la paroi sans pouvoir se recombiner en cours de route à d'autres atomes analogues, s'y sont combinés au tungstène à la température ordinaire.

L'expérience est encore plus frappante quand on a placé dans la même ampoule vide deux filaments de tungstène que l'on peut chauffer indépendamment l'un de l'autre. Introduisons encore une trace de chlore, qui est sans action sur le tungstène à froid, et chauffons l'un des filaments. On constate que c'est *l'autre*, resté à la température ordinaire, qui disparaît seul peu à peu sous l'influence du chlore.

Nous arrêterons ici ces exemples, dont plusieurs ont été l'objet de vérifications quantitatives, et qui nous paraissent suffisants pour montrer le très grand intérêt que présentent de pareilles recherches. On conçoit que ces recherches ne puissent guère être séparées de celles qui sont relatives à l'adsorption des gaz par les parois solides. De fait, Langmuir a développé une très intéressante théorie de l'absorption dans laquelle il fait jouer un rôle essentiel aux couches monomoléculaires, mais pour l'étude de laquelle nous sommes obligés de renvoyer aux mémoires originaux.

CHAPITRE VIII

ÉMISSION D'IONS POSITIFS PAR LES MÉTAUX DANS LE VIDE ET DANS LES GAZ

L'émission de charges positives par les corps incandescents a été découverte et étudiée en même temps que l'émission des charges négatives. Nous avons déjà relaté (ch. I) l'observation ancienne de Guthrie, d'après laquelle une boule de fer portée au rouge sombre dans l'air peut conserver une charge négative, mais non une charge positive. Elster et Geitel montrèrent les premiers (voir la bibliographie au ch. I) que des fils métalliques *neufs*, chauffés pour la première fois dans le vide ou dans des gaz variés, émettent uniquement des ions positifs à des températures modérées. A des températures plus élevées commence l'émission d'électrons négatifs, qui peut finir par masquer complètement la première. L'émission positive est due à des ions de dimensions atomiques. Elle semble due, comme l'émission négative, au métal lui-même et non à l'action du gaz environnant. Son étude est rendue difficile par diverses circonstances, dont les principales seront indiquées plus loin. Comme elle n'a pas reçu d'applications pratiques d'importance comparable à celle de l'émission électronique, nous nous contenterons d'indiquer ici les faits les mieux établis, renvoyant pour les détails aux mémoires originaux ou au livre de Richardson.

1. Le premier fait à signaler dans l'étude de l'émission positive dans le vide est sa *décroissance avec le temps*. La décroissance est d'autant plus rapide que la température est plus élevée, et présente, dans certains cas, des particularités assez compliquées. Pour en donner une idée, nous reproduirons (fig. 15) deux courbes extraites des mémoires de Richardson [1] et qui indiquent, à une température donnée, la loi de variation du courant en fonction du temps. Pour la première, la décroissance est à peu près

[1] RICHARDSON, *Phil. Mag.*, 6, p. 86, 1903 ; *C. R. du Congrès de radiologie de Liége*, p. 50, 1905. Voir aussi SHEARD, *Phil. Mag.*, 28, p. 170, 1914.

exponentielle. Sur la seconde, on observe une décroissance initiale rapide et également exponentielle, suivie d'une légère remontée, puis d'une chute finale. Ces courbes font penser aussitôt à certaines courbes de disparition de l'activité des substances radioactives. Les choses se passent comme si, dans le premier cas, le fil chauffé était recouvert d'une substance capable d'émettre des ions positifs (substance active) qui se décomposerait ou s'évaporerait en fonction du temps suivant la loi des transformations radioactives, c'est-à-dire avec une vitesse proportionnelle à la quantité de substance présente. Dans le second cas, la substance active, en disparaissant, donne-

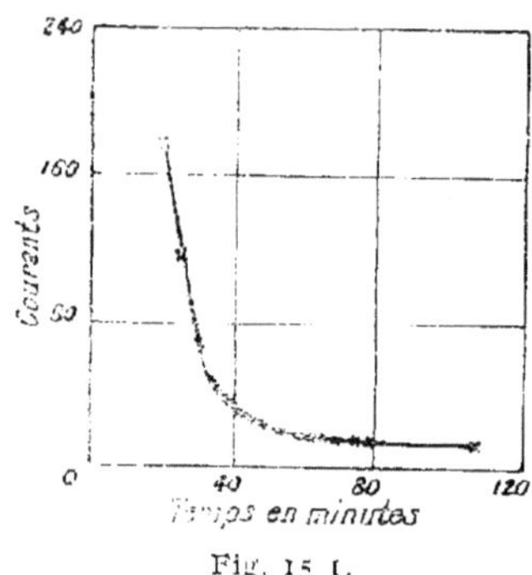

Fig. 15 1.

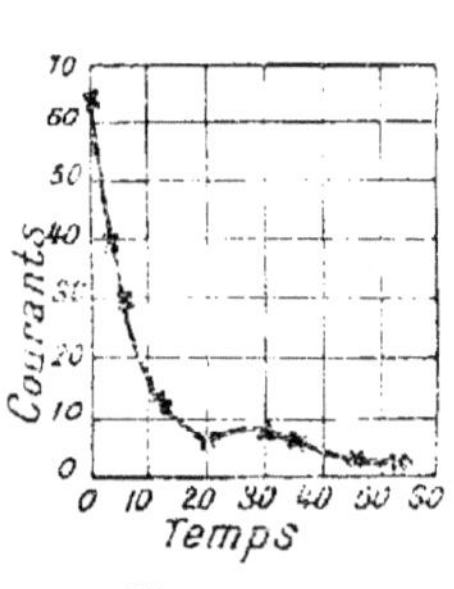

Fig. 15-2.

rait naissance à une seconde substance inactive, laquelle se décomposerait à son tour en produisant une troisième substance active.

Quelle que soit l'interprétation véritable qu'il faille donner des faits, il est évident que de pareilles variations différencient complètement l'émission positive de l'émission négative étudiée précédemment, qui se présentait comme un phénomène parfaitement constant. Elles ne vont pas sans rendre les expériences beaucoup plus difficiles que les précédentes.

2. En particulier, on est obligé de se préoccuper des variations du phénomène avec le temps quand on se propose de construire une courbe de saturation à température donnée. Une pareille courbe ne peut être tracée correctement que si l'on se place à une température assez basse pour que la variation de l'émission avec le temps soit très réduite. L'inconvénient qu'il y a à opérer à basse température est que les courants observés seront très faibles, ce qui nécessitera l'emploi d'électromètres sensibles comme appareils de mesure.

Avec ces précautions, il est possible de tracer une courbe donnant la variation du courant avec la tension appliquée. Cette courbe présente en général des complications difficiles à expliquer. Ainsi Richardson et ses collaborateurs ([1]) ont observé fréquemment avec le platine des courants croissants de o à 5 volts environ. Entre 5 et 40 volts, le courant reste constant ou *décroît* légèrement. Enfin entre 40 et 400 volts, le courant augmente à peu près proportionnellement à la tension : mais cette augmentation, très nette sur les fils de platine neufs, **disparaît** peu à peu avec le temps. Elle peut reparaître si on élève la **température** ou si on admet de l'air dans l'appareil. De nouvelles expériences seront nécessaires pour expliquer ces particularités.

3. Quand un fil a été chauffé longtemps dans le vide et que son émission positive, qui décroît fortement avec le temps, est tombée à peu près à zéro, il est possible de régénérer temporairement la faculté d'émission par de très nombreux procédés. Voici les principaux :

1° On peut placer à côté du fil à régénérer un fils neuf que l'on chauffe un instant au voisinage du premier. La substance active distille alors du nouveau fil sur l'ancien, et celui-ci redevient capable, pendant un certain temps, d'émettre à nouveau des ions.

2° Le fil épuisé peut être placé dans une décharge lumineuse sous basse pression, au voisinage de la cathode, ou servir lui-même de cathode. Le bombardement du fil par des particules en mouvement dans le tube joue sans doute un grand rôle. Le phénomène de régénération est beaucoup moins marqué dans l'hydrogène que dans l'air, l'azote ou l'oxygène.

3° On peut se contenter de chauffer l'ampoule qui contient le fil.

4° On peut soumettre le fil à l'action d'un gaz fortement comprimé.

5° On peut le soumettre à des efforts mécaniques, etc.

4. La difficulté de l'obtention d'un courant de saturation jointe à la décroissance de l'émission avec le temps rend assez difficile la recherche de la loi de variation de l'émission positive avec la température. Cette recherche a néanmoins pu être accomplie par Strutt ([2]), avec le cuivre, l'argent et l'oxyde de cuivre, par Wehnelt ([3]) avec les oxydes alcalino-terreux, par Owen ([4]) avec le filament de la lampe Nernst. La loi de Richardson est satisfaite dans tous les cas : la constante b qui figure dans le terme

(1) RICHARDSON, *Phil. Mag.*, 6, p. 80, 1903.
RICHARDSON, *Phil. Trans.*, 207, p. 11, 1905.
RICHARDSON et SHEARD, *Phys. Rev.*, 34, p. 301, 1912 ; *Phil. Mag.*, 31, p. 407, 1916.
LESTER, *Phil. Mag.*, 31, p. 549, 1916.
(2) STRUTT, *Phil. Mag.*, 4, p. 98, 1902. Voir aussi RICHARDSON, *B. A. Reports*, Cambridge, 1904, p. 473.
(3) WEHNELT, *Ann. de Phys.*, 14, p. 425, 1904.
(4) OWEN, *Phil. Mag.*, 8, p. 249, 1904.

exponentiel est très inférieure (4 ou 5 fois) à celle qui figure dans la formule relative à l'émission électronique de la même substance. Ce résultat est d'accord avec l'observation déjà signalée que l'émission positive croît beaucoup moins vite avec la température que l'émission électronique.

Richardson et Brown [1] ont étudié la loi de distribution des vitesses des ions positifs, en utilisant les mêmes méthodes expérimentales que pour les électrons négatifs. Ils ont examiné un grand nombre de substances, et, pour chacune d'elles, ils ont, par les procédés exposés ci-dessus, déduit des mesures une valeur de la constante des gaz parfaits. Toutes les valeurs obtenues sont de l'ordre de grandeur du nombre théorique, de sorte que l'on n'a aucune raison de douter que les ions positifs n'aient, comme les électrons, leurs vitesses distribuées suivant la loi de Maxwell.

5. La question de beaucoup la plus intéressante que l'on puisse se poser sur l'émission positive des métaux dans le vide est de savoir quelle est *la nature des ions émis*. Pour répondre à cette question, le mieux est de mesurer, comme pour les électrons, le rapport e/μ de la charge à la masse de la particule positive. Si l'on désigne d'autre part par e/m le rapport analogue pour l'ion hydrogène dans l'électrolyse, rapport dont la valeur numérique est, comme on sait, de 9.650 unités électromagnétiques, et si l'on divise le second rapport par le premier, on obtiendra un quotient M que l'on peut appeler la masse atomique électrique de l'ion étudié. Si cet ion est formé par un atome portant une seule charge élémentaire, le nombre M doit être identique à la masse atomique ordinaire. Si la charge est double de la charge élémentaire (ion divalent), la masse atomique électrique n'est plus que la moitié de la masse atomique ordinaire, etc.

Les premières expériences ont été faites par J. J. Thomson [2] par la méthode des cycloïdes, qui utilise deux champs électrique et magnétique croisés, et qui a été décrite à propos des électrons à la page 9. Le métal étudié était le platine chauffé dans l'air pendant un temps assez long sous la pression de 0,007 mm. de mercure. Les valeurs de M ont varié depuis 161 jusqu'à 13,4, ce dernier nombre correspondant aux ions les plus nombreux. Si les porteurs de charge sont des atomes de platine pourvus d'une charge élémentaire, le nombre obtenu doit être égal au poids atomique du platine soit 192. Si au contraire il s'agit d'un des atomes des constituants de l'air (N = 14 et O = 16), le nombre obtenu doit être de l'ordre de 14 à 16. Il n'est pas impossible que, dans ces expériences, il faille en effet attribuer la conductibilité à des ions empruntés aux substances en présence.

[1] RICHARDSON, *Phil. Mag.*, 16, p. 890, 1908.
BROWN, *Phil. Mag.*, 17, p. 355, 1909 et 18, p. 649, 1909.
[2] J. J. THOMSON, *Passage de l'électricité à travers les gaz*, p. 218, 1912.

La question a été reprise en détail par Richardson [1] qui a étudié non seulement des fils chauffés depuis longtemps dans un gaz, mais des fils neufs, et qui a cherché à augmenter la précision des mesures. L'appareil utilisé en premier lieu est très analogue à celui qui avait servi à l'étude de la distribution des composantes tangentielles de vitesse dans l'émission électronique (voir page 40). Le schéma en est donné par la figure 16. La lame métallique c chauffée dans le plan de l'électrode plane A envoie dans le vide des ions positifs vers la fente d pratiquée dans le plateau B parallèle à A. L'électrode placée en arrière de cette fente et reliée à un électromètre sensible, recueille ceux des ions positifs qui ont traversé la fente. Les connexions avec l'électromètre peuvent aussi être établies de telle sorte que l'on puisse connaître la quantité totale d'électricité recueillie par le plateau B. Enfin le déplacement de tout le système supérieur au moyen d'une vis micrométrique permet de recueillir les ions envoyés par la lame dans diverses directions. Un champ magnétique uniforme et assez intense peut être établi perpendiculairement au plan de la figure.

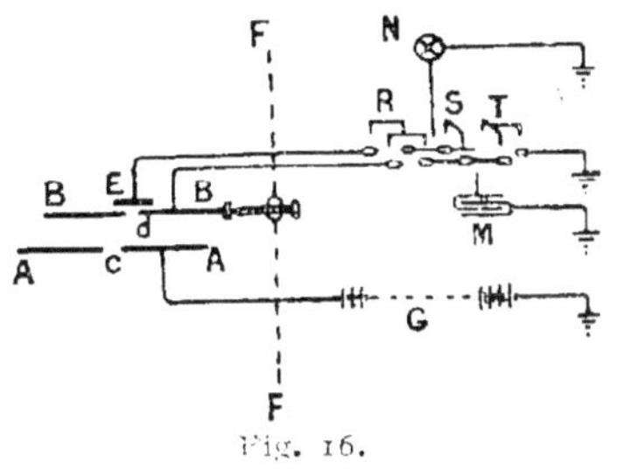

Fig. 16.

L'appareil peut être utilisé de diverses manières. Si l'on établit les connexions comme sur la figure, on abaissera d'abord les clefs R et T, ce qui amènera l'électromètre au zéro. Soulevant ensuite la clef T, l'électromètre recueillera, par l'électrode E, la charge qui a traversé la fente d, tandis que le condensateur M recueillera la charge reçue par les plateaux B. On soulèvera ensuite la clef R pour abaisser la clef S : alors l'électromètre mesurera la charge accumulée dans le condensateur. La comparaison des deux déviations permettra de comparer les charges qui ont traversé la fente d à celles qui ont rencontré l'ensemble du plateau B. En déplaçant progressivement la fente d on aura ainsi la répartition des charges émises dans diverses directions, et cela dans des champs électrique et magnétique connus. La courbe obtenue permet non seulement de faire un calcul correct du rapport e/μ de la charge à la masse des particules émises, mais aussi de se faire une idée de leur homogénéité. Si celle-ci n'est pas suffisante, si par exemple on a affaire à un mélange de deux espèces d'ions, la courbe observée présentera deux maxima distincts dont chacun permettra de calculer le rapport e/μ pour les ions correspondants. En fait l'homogénéité des ions émis est assez satisfaisante,

[1] RICHARDSON, *Phil.*, *Mag.*, 16, p. 740, 1908 ; *Proc.*, *Roy. Soc.*, 89, p. 507, 1914.

et l'appareil a pu être employé avec une technique simplifiée qui permettait une comparaison immédiate des masses atomiques électriques des ions dans diverses circonstances.

Dans la première série d'expériences ([1]) on a obtenu le tableau suivant :

SUBSTANCE	VALEURS DE M/O 10
Platine	25,8
Palladium	30,5
Cuivre	28,3
Argent	30,0
Nickel	27,1
Osmium	24,5
Or	47 à 23,1
Tantale	13,3 à 21,4
Tungstène	42,1
Laiton	28,8
Acier	30,0
Nichrome	24,5
Carbone	29,1

Ces nombres ne peuvent prétendre à une grande précision, à cause du manque d'uniformité du champ électrique et de l'incurvation de la lame métallique chauffée due à sa dilatation. Les nombres obtenus sont probablement trop petits. Si l'on fait abstraction des nombres relatifs au tungstène et des nombres obtenus au début du chauffage pour l'or et le tantale, on voit que tous les autres sont compris entre 21,1 et 30,5, avec la moyenne 28,9. Ces résultats, malgré leur imperfection, ont déjà l'intérêt de montrer qu'il ne s'agit certainement pas d'ions empruntés à la substance chauffée, au moins dans le cas général. En effet les poids atomiques des corps utilisés sont compris entre 192 (platine) et 12 (carbone). On pouvait dès lors songer à l'intervention d'une impureté commune à tous les corps étudiés. Mais il était nécessaire, pour élucider cette question, d'avoir recours à des mesures nouvelles et plus précises.

Ces mesures ont été faites après perfectionnement de l'appareil ([2]). Les bandes métalliques étudiées ont été maintenues tendues par des ressorts, ce qui a restreint le nombre des substances utilisables. Des précautions ont été prises également pour assurer l'uniformité des champs électrique et magnétique. Enfin les mesures ont été faites par comparaison avec les

[1] RICHARDSON et HULBERT, *Phil. Mag.*, 20, p. 545, 1910.
[2] RICHARDSON, *Proc. Roy. Soc.*, 89, p. 527, 1914.

ions positifs émis par le sulfate de potassium, ions dont l'homogénéité avait été reconnue auparavant et qui étaient formés par des atomes de potassium portant la charge élémentaire.

Les résultats d'une expérience typique faite avec deux lames de platine sont représentés sur la figure 17. On a porté en abscisses les temps pendant lesquels le métal avait été chauffé à partir du début des mesures, en ordonnées les valeurs de la masse atomique électrique M des ions émis. On voit que pendant les 20 premières heures, les ions émis ont une masse atomique voisine de 39, indiscernable de celle des ions potassium émis par le sulfate. Après 20 heures, la masse atomique tombe assez rapidement au voisinage de 23, valeur voisine de celle qui convient aux ions sodium. Enfin elle remonte à la fin, peu avant la rupture de la lame de platine, vers 60, ce qui pourrait faire songer à des ions fer ($Fe = 56$).

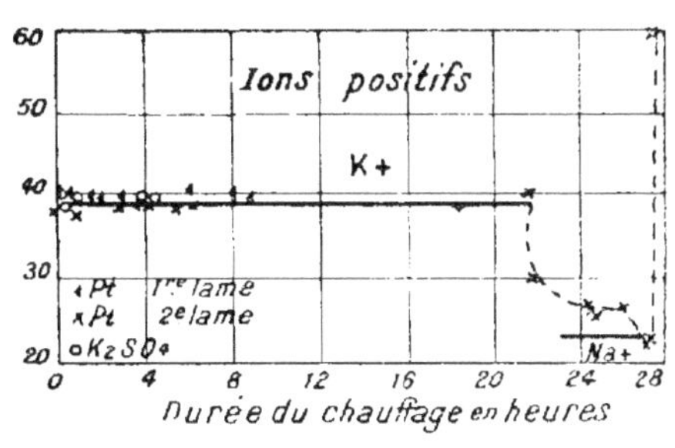

Fig. 17.

L'ensemble de tous les résultats est contenu dans le tableau suivant :

SUBSTANCE	DURÉE DES MESURES	NOMBRE DE MESURES	VALEURS EXTRÊMES de M	VALEUR MOYENNE de M
Platine, pas spécialement nettoyé....................	5 heures	15	39,75 à 45,2	40,0
Platine, nettoyé aux acides, etc......................	520 minutes	33	39,1 à 41,5	40,1
Platine, nettoyé aux acides, etc......................	36 heures	—	38 à 40,1	39,1
Sulfate de potassium........	280 minutes	10	39,2 à 41.1	40,2
Manganine nettoyée........	1 heures	13	39,3 à 41,4	40,0
Fer nettoyé...............	55 minutes	4	39,8 à 40,0	39,9
Fer nettoyé...............	315 minutes	11	38,3 à 42,1	40,1
Platine, régénéré par chauffage à l'air..............	160 minutes	11	37,9 à 39,8	39,0
Platine, régénéré par chauffage dans un bunsen....	133 minutes	11	39,0 à 40,7	40,0
Manganine, régénérée par action mécanique........	—	—	—	39,4

Ces nombres sont relatifs à l'émission initiale des diverses substances énumérées. On voit que toutes les masses atomiques électriques obtenues présentent entre elles des concordances remarquables, de sorte que l'on ne peut hésiter qu'entre un petit nombre de substances pour caractériser la nature chimique des ions émis. Les seuls atomes dont la masse soit voisine de celle des ions obtenus sont ceux d'argon (39,9), de calcium (40,07) et de potassium (39,1). Il y a de fortes présomptions en faveur de ce dernier élément, et nous admettrons que l'impureté commune qui a provoqué la formation des ions positifs dans ces expériences est une impureté potassique capable d'émettre, sous l'influence de la chaleur, des ions K.

Il reste néanmoins incontestable que, dans certains cas au moins, d'autres ions peuvent être émis. Nous ne citerons que l'exemple des anciennes expériences de J. J. Thomson (voir ci-dessus page 76), qui, opérant sur les ions émis par le platine dans l'air raréfié après une chauffe prolongée, a obtenu des ions plus lourds et aussi des ions plus légers que ceux qui ont été caractérisés par Richardson. Il est vraisemblable que, dans ce cas, les ions sont dus au métal ou au gaz environnant, bien que ce phénomène paraisse devoir rester exceptionnel.

6. Dans les paragraphes précédents, nous avons étudié l'émission positive des métaux dans le vide. On peut se demander ici, comme dans le cas de l'émission électronique, quelles modifications apparaîtront dans les phénomènes observés si l'on introduit un gaz dans l'ampoule en expérience.

Les résultats obtenus sur ce point sont nombreux, mais confus et assez contradictoires, peut-être en partie parce que l'on n'a guère étudié à ce point de vue que l'émission du platine, et que ce métal pourrait ici encore présenter des complications plus grandes que les métaux les plus réfractaires. Voici quelques-uns des résultats obtenus (nous renvoyons pour les détails au livre de Richardson).

Les premières en date des expériences sont celles de H. A. Wilson [1] qui furent faites dans l'air à la pression atmosphérique entre deux cylindres de platine concentriques, chauffés par un four extérieur jusqu'à des températures atteignant 1.400 degrés. Les effets observés sont compliqués par le fait qu'à l'émission d'ions positifs vient se superposer une émission négative et aussi probablement une ionisation en volume. Néanmoins l'auteur a pu reconnaître postérieurement que les courants de saturation obtenus satisfaisaient à la loi de Richardson.

Richardson [2] a repris la question avec beaucoup de soin. Un fil de pla-

[1] H. A. WILSON, *Phil. Trans.*, 197, p. 415, 1901.
[2] RICHARDSON, *Phil. Trans.*, 207, p. 1, 1906.

fine était chauffé par le courant dans le voisinage d'une lame du même métal. Le tube qui contenait les électrodes et les électrodes elles-mêmes étaient nettoyés rigoureusement avant l'expérience, et le fil était chauffé longtemps dans l'oxygène raréfié afin de faire disparaître l'émission initiale d'ions positifs avant d'introduire une petite quantité du gaz à étudier : oxygène, air, azote, hydrogène ou hélium. Le courant positif initial ayant été ainsi réduit énormément (à une valeur de l'ordre de 10^{-12} ampères à 721 degrés), l'introduction du gaz augmentait nettement le courant. Le courant diminuait de nouveau quand le gaz était enlevé. Les pressions des gaz étudiés ne dépassaient pas quelques centièmes de millimètres de mercure. L'interprétation des résultats était beaucoup plus facile que dans les expériences primitives de Wilson, car il n'y avait ni ionisation en volume, ni émission d'ions par l'électrode froide. On opérait de plus dans tous les cas à des températures assez basses pour que le courant fût pratiquement nul quand le fil chauffé était chargé négativement : les ions positifs interviennent seuls.

Oxygène. — Si on fait abstraction de quelques irrégularités inexpliquées observées aux pressions élevées et aux basses températures, on peut dire que le courant de saturation à basse température est à peu près proportionnel à la racine carrée de la pression, et, à haute température, proportionnel à la pression elle-même. Ces résultats supposent néanmoins que la pression ne dépasse pas 1 mm. de mercure. Si on veut avoir des résultats valables pour des intervalles de pression plus grands, il faut adopter, pour les températures inférieures à 900 degrés environ, une formule du type

$$i = \frac{a\sqrt{p}}{b + \sqrt{p}}$$

et, pour les températures supérieures (1.000 à 1.200 degrés), la formule

$$i = \frac{a\,p}{b + p}.$$

On peut chercher à donner des interprétations théoriques de ces résultats en admettant que l'émission est sous la dépendance du nombre d'atomes d'oxygène présents à chaque instant à la surface du platine.

La loi de variation du courant de saturation avec la température a aussi été étudiée. Sous la pression de 1,47 mm. par exemple, on trouve que, de 708 à 1.000 degrés, le courant négatif est négligeable vis-à-vis du courant positif. Les deux courants sont égaux à 1.230 degrés. Les deux courants satisfont sensiblement à la loi de Richardson, avec des valeurs différentes des constantes. Divers fils donnent des résultats comparables, ce qui semble prouver que l'émission provient bien du platine dans l'oxygène et non d'impuretés accidentelles. Lorsqu'on élève ou abaisse la température, il y a toujours un retard dans l'établissement du nouveau régime de courant. Ce retard est dû sans doute à ce que les effets sont produits par l'oxygène qui a diffusé dans la couche superficielle du platine.

Autres gaz. — Dans l'azote et dans l'air on observe des phénomènes analogues. Les courants à une température donnée sont plus faibles que dans l'oxygène et leur saturation plus difficile. Avec l'hélium, on observe des courants positifs plus grands que dans l'azote, quoique bien moindres que ceux donnés par l'oxygène : leur existence est intéressante, puisqu'il est impossible ici d'incriminer une action chimique produite par le gaz sur le fil incandescent. Dans l'hydrogène les mesures de courants positifs sont difficiles, à cause de l'extrême lenteur avec laquelle le régime permanent à une température donnée s'établit.

Quand on a chauffé longtemps un fil de platine dans un gaz, si on introduit de petites quantités d'un autre gaz, l'émission positive est initialement plus élevée que la valeur stationnaire qu'elle prend ensuite. Ce phénomène se produit avec l'oxygène, l'azote, l'hélium et l'hydrogène.

Peu d'expériences ont été faites jusqu'à présent pour déterminer avec précision la nature des ions qui transportent le courant positif dans les gaz raréfiés, une fois que la période initiale à émission relativement intense est passée. On ne peut guère citer dans cet ordre d'idées que les expériences assez anciennes de J. J. Thomson déjà signalées plus haut (p. 76) et quelques expériences de Richardson Il est possible que, avec les fils vieux, c'est-à-dire chauffés pendant une longue période de temps dans un gaz raréfié, les ions qui transportent le courant positif soient en grande partie des ions empruntés au gaz. Mais les données expérimentales précises font encore défaut sur ce point ainsi que sur les relations qui existent à coup sûr entre les émissions positives provoquées par une trace de gaz et les variations correspondantes de la différence de potentiel apparente au contact.

Les mesures de mobilités des ions émis (H. A. Wilson, Mac Clelland, etc.) montrent qu'il s'agit certainement de particules de dimensions atomiques. La détermination de leur nature exacte n'est pas facilitée par le fait que, si l'on entraine les ions par un courant gazeux, leur mobilité diminue peu à peu jusqu'à des valeurs bien plus faibles que la valeur initiale et qui ne sont pas seulement en rapport avec la diminution de température. Nous ne pouvons insister ici sur cette diminution des mobilités des ions thermioniques avec le temps. Le phénomène doit être rapproché du phénomène analogue observé avec les gaz de flamme (Mac Clelland, Eugène Bloch, etc.), et doit être réservé pour une étude spéciale.

L'émission des fils neufs dans les gaz. — Les résultats précédents sont relatifs aux émissions d'ions positifs dans les gaz par des fils vieux, chauffés assez longtemps pour que l'émission initiale assez intense ait pratiquement disparu. L'étude de cette émission initiale dans les gaz, qui donne évidemment lieu aux expériences les plus immédiatement réalisables, conduit malheureusement à de grandes complications. Néanmoins quelques-uns des faits observés sont très remarquables.

Ainsi Richardson ([1]) a montré que la décroissance de l'émission positive initiale au cours du temps, qui a été observée dans le vide, existe également dans l'air, mais qu'elle est beaucoup plus rapide quand le fil chauffé est maintenu à un potentiel positif élevé. Par exemple un fil neuf chauffé à 925 degrés sous la pression atmosphérique, donnait sous 40 volts un courant que l'on peut mesurer par le nombre 100 et qui restait constant pendant 100 minutes. En élevant le potentiel à 760 volts, les courants étaient

Temps en min.	0	3	6	9	14	20	25	36	47	54	60	66
Courants......	3570	1930	950	760	570	485	475	190	115	112	103	103

Revenant à 40 volts, les courants étaient, de 6 en 6 minutes, 80, 84, 90 et 94. De plus l'émission peut être accrue si on charge négativement pendant quelque temps l'électrode chauffée.

Des observations complémentaires, dues à W. Wilson ([2]) et à Sheard ([3]) sont les suivantes. L'émission positive peut être augmentée en chauffant temporairement le fil à une température élevée et en le maintenant au potentiel zéro ou à un potentiel négatif. L'accroissement est une fonction définie mais compliquée de la température à laquelle le fil a été porté sous le potentiel zéro. Dans certains cas, l'émission peut être ainsi multipliée par le facteur 40.

Il est clair que l'entraînement de la matière ionisable par le champ électrique joue un rôle essentiel dans la décroissance initiale de l'émission positive. Il semble même que dans certains cas on puisse affirmer que la matière active se forme à des températures déjà assez élevées, de sorte que l'effet du chauffage en l'absence de champ puisse être d'augmenter l'émis-

([1]) RICHARDSON, *Phil. Trans.*, 207, p. 30, 1906.

([2]) W. WILSON, *Phil. Mag.*, 21, p. 65, 1911.

([3]) SHEARD, *Phil. Mag.*, 28, p. 170, 1914 ;
   SHEARD ET WOODBURY, *Phys. Rev.*, 2, p. 288, 1913.

sion initiale à une température fixée et moindre. Au contraire un chauffage trop intense peut provoquer la distillation ou la destruction de la matière active produite, d'où la disparition des effets à la même température étalon que tout à l'heure.

Les courbes de décroissance de l'émission positive en fonction du temps que Sheard a obtenues dans l'air avec des fils de platine à des températures moyennes (comprises entre 654 et 714 degrés) présentent quelquefois des irrégularités analogues à celle de la seconde courbe de la figure 15, relative à des expériences dans le vide.

Ces arrêts partiels dans la vitesse de décroissance en fonction du temps s'interprètent encore comme en radioactivité, en faisant intervenir trois substances successives, dont la première et la troisième seules sont actives pour produire des ions positifs, la seconde ne servant que d'intermédiaire pour passer de la première à la troisième. Mais, contrairement à ce qui arrive en radioactivité, les vitesses de destruction varient avec la température et la forme des courbes varie en même temps.

Les courbes de saturation présentent aussi des complications analogues à celles qui ont été observées dans le vide. Aux basses températures il n'y a aucune saturation, à température plus élevée la saturation est un peu plus aisée. L'interprétation complète des faits reste obscure. Il semble, d'après Sheard et Woodbury, que, dans l'émission des fils de platine, il faille faire intervenir au moins deux substances actives différentes, l'une d'elles ne se formant qu'au bout d'un temps assez long. Si en effet on construit les courbes de Richardson en portant en abscisses $1/T$ et en ordonnées $\log i - \frac{1}{2} \log T$ on obtient une droite unique au début, mais, à la longue, deux droites faisant entre elles un certain angle dans l'intervalle de 845 à 1.040 degrés. C'est la confirmation des résultats obtenus avec les courbes de décroissance de l'activité en fonction du temps.

CHAPITRE IX

ÉMISSION D'IONS PAR LES SELS CHAUFFÉS

1. Introduction. — L'accroissement de conductibilité des gaz en présence des sels chauffés a été mis en évidence pour la première fois par J. J. Thomson [1] en 1890. La conductibilité était mesurée entre deux électrodes de platine chauffées dans un creuset, où l'on pouvait introduire un sel tel que le chlorure de potassium ou de sodium, l'iodure de potassium, etc. Arrhénius [2] a montré peu après que la conductibilité des flammes était fortement augmentée par l'introduction de sels variés : l'efficacité du sel croît avec le poids atomique du métal, au moins pour les sels alcalins. L'emploi des flammes pour l'étude de la conductibilité des vapeurs salines a donné lieu, depuis cette époque, à de nombreuses et intéressantes expériences. Parmi les physiciens qui ont le plus contribué à débrouiller cette question, il faut citer surtout H. A. Wilson et ses élèves en Angleterre, et Moreau en France. Leur méthode consiste essentiellement à placer deux électrodes réfractaires dans la flamme d'un bec de gaz du type Bunsen, et à rechercher comment la conductibilité de la flamme pure se trouve modifiée quand on y introduit, par la pulvérisation d'une solution saline ou par tout autre procédé, des quantités variables de divers sels. Des lois intéressantes ont été obtenues soit par comparaison des sels homologues de divers métaux à diverses températures, soit par la mesure de la mobilité des ions produits. L'influence d'un champ magnétique (effet Hall) et celle d'un champ électrique alternatif de fréquence variable ont aussi été examinées.

La conductibilité des flammes pures ou salées constitue un sujet assez important pour mériter une étude propre, que nous n'avons pas la possibilité d'entreprendre ici. Aussi, bien que ce sujet se rattache étroitement

[1] J. J. Thomson, *Phil. Mag.*, 29, p. 358 et 441, 1890.
[2] Arrhenius, *Ann. der Phys.* 43, p. 18, 1891.

aux phénomènes thermioniques proprement dits, ne le développerons-nous pas actuellement. Nous renverrons le lecteur désireux de se renseigner au livre de H. A. Wilson intitulé *The electrical properties of flames and incandescent solids* (University of London Press, 1912) ou aux mémoires de Moreau [1], et nous n'étudierons les phénomènes de conductibilité électrique provoqués par les sels chauffés qu'en l'absence des flammes et de leurs effets chimiques.

La première étude systématique du problème ainsi limité a été entreprise par H. A. Wilson [2] qui pulvérisait des solutions de divers sels dans l'espace compris entre deux cylindres de platine (de 0,3 et 0,75 cm. de diamètre) chauffés extérieurement. La saturation était difficile, mais était atteinte néanmoins pour 1.000 volts. Des irrégularités nombreuses semblaient dues aux actions chimiques entre les sels et la vapeur d'eau. Les plus gros courants ont été obtenus avec l'iodure de potassium, et étaient déjà mesurables au galvanomètre à 300 degrés. Vers 1.400 degrés, avec tous les sels étudiés, le courant devenait indépendant de la température et correspondait sensiblement à celui qui aurait été transporté dans l'électrolyse par la même quantité de sel. Tout se passait donc comme si tous les atomes métalliques présents étaient transformés en ions positifs, que la cathode absorberait d'ailleurs à mesure de leur arrivée. Les seuls sels étudiés ont été les sels alcalins.

Beattie [3] a étudié l'influence d'un grand nombre de composés minéraux sur la conductibilité de l'air entre les plateaux d'un condensateur plan au voisinage de 300 degrés. Les composés halogénés du zinc sont particulièrement actifs. Les phénomènes ont été étudiés d'une manière analogue par Garrett et Willows [4], Garrett [5], Schmidt et Hechler [6], Schmidt [7], etc. De nombreuses substances sont actives vers 400 degrés, la plupart donnent des ions des deux signes, quelques-unes des ions positifs seulement. Le cas de l'iodure de potassium a été controversé. Il semble que la conductibilité qui se manifeste quelquefois avec ce sel vers 300 degrés (H. A. Wilson) doive être attribuée à une réaction chimique qui se produirait entre le sel et une trace de vapeur d'eau. Si l'on prend soin de dessécher soigneu-

(1) Moreau, *Annales de Chimie et de Physique*, 30, p. 1, 1903, etc.; *Bulletin de la Société Scient. et Méd. de l'Ouest*, 15, n° 2, 1906; 15, n° 4, 1906; *Ions, Électrons et Corpuscules*, 2, p. 540.

(2) H. A. Wilson, *Phil. Trans.*, 197, p. 415, 1901.

(3) Beattie, *Phil. Mag.*, 48, p. 97, 1899; 1, p. 442, 1901.

(4) Garrett et Willows, *Phil. Mag.*, 8, p. 437, 1904.

(5) Garrett, *Phil. Mag.*, 13, p. 728, 1907; 20, p. 577, 1910.

(6) Schmdit et Hechler, *Verh. der Deutsch. phys. Ges.*, 9, p. 30, 1907.

(7) Schmidt, *Ann. der Phys.*, 35, p. 404, 1911; 41, p. 673, 1913.

ment le gaz, la conductibilité devient inappréciable à la même température (Kalandyk) [1].

L'interprétation de ces expériences relativement anciennes est assez douteuse, parce que les ions peuvent provenir d'une ionisation en volume de la vapeur comprise entre les deux plateaux chauffés, ou encore d'une émission par les électrodes sous l'influence des vapeurs du sel, aussi bien que d'une émission par le sel lui-même. Sheard [2] a éclairci la question dans une certaine mesure en faisant l'étude détaillée de l'iodure de cadmium. En utilisant une électrode refroidie pour recueillir les ions et en faisant passer les vapeurs du sel à travers un champ électrique intense avant de les étudier, il a pu distinguer nettement deux effets : l'émission d'ions par le sel et l'ionisation en volume de la vapeur.

J. J. Thomson [3] a étudié de nombreuses substances minérales à des températures beaucoup plus élevées que les précédentes, dans l'air ordinaire. Certains composés, par exemple les oxydes, ne perdent que de l'électricité négative, d'autres de l'électricité positive : tels sont les chlorures et les phosphates. Le phosphate d'aluminium donne des courants particulièrement élevés.

La plupart des expériences précédentes ne peuvent être regardées comme intéressantes qu'au point de vue historique : elles ont fourni en particulier les indications nécessaires pour le choix des sels qu'il y avait le plus d'avantage à étudier. Dans les expériences modernes, la substance étudiée a été ordinairement placée en petite quantité sur un fil ou sur une lame métallique chauffée électriquement et placée vis-à-vis d'une électrode froide. Le montage est donc le même que celui des cathodes de Wehnelt. En général le courant ne passe dans le vide ou dans un gaz que si l'électrode chauffée est à un potentiel plus élevé que l'autre, ce qui prouve que les ions positifs jouent dans le phénomène un rôle prépondérant. Les ions émis proviennent soit du sel chauffé, soit peut-être d'une action de ce sel sur le support métallique (hypothèse en général beaucoup moins vraisemblable comme nous le verrons). Quant à l'intervention de l'autre électrode ou de l'ionisation en volume, elle se trouve éliminée par le montage même qui a été adopté.

2. Variations avec le temps. — Le courant de saturation s'obtient le plus facilement aux basses pressions et aux températures relativement peu élevées. La saturation reste toujours plus difficile qu'avec des électrodes

[1] KALANDYK, *Proc. Roy. Soc.* 90, p. 638, 1914.
[2] SHEARD, *Phil. Mag.*, 25, p. 370, 1913.
[3] J. J. THOMSON, *Proc. Cambr Phil. Soc.* 14, p. 105, 1906.

métalliques. Mais on peut s'en rapprocher suffisamment dans tous les cas pour pouvoir entreprendre l'étude de la variation de l'émission avec le temps ou avec la température.

Les variations de l'émission avec le temps, quand la température et la différence de potentiel appliquée restent constantes, présente quelquefois des caractères curieux. Il en est ainsi en particulier avec l'iodure de zinc (Garrett et Willows, puis Garrett, loc. cit.), le phosphate d'aluminium, (Garrett), etc. Nous reproduisons, à titre d'exemple les courbes obtenues avec ce dernier sel, chauffé à 1.200 degrés environ dans une atmosphère de gaz carbonique sous 0,5 mm. de mercure. On voit que la courbe, après une

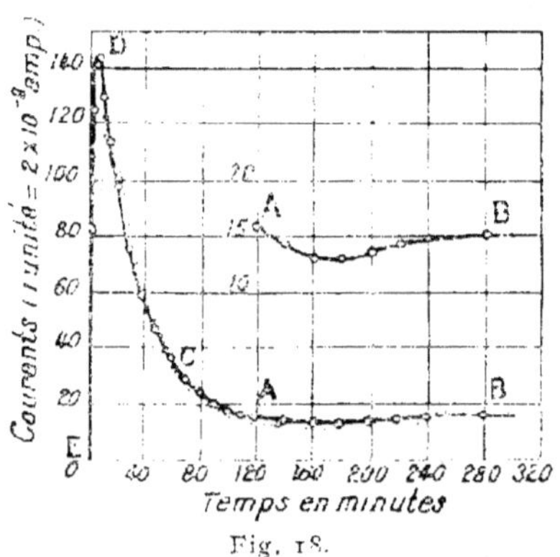

Fig. 18.

montée initiale très brusque, redescend ensuite fortement, pour remonter encore une fois. La phase finale a été représentée, pour plus de netteté, avec une échelle d'ordonnées plus grande dans la dernière portion, et au dessus de la courbe principale. La courbe, dans son ensemble, est fort bien représentée par une formule du type

$$i = a \left(e^{-\lambda_2 t} - e^{-\lambda_1 t} \right) + b \left(1 - e^{-\lambda_3 t} \right).$$

Il semble qu'il y ait formation sans émission (a, λ_2) d'un produit actif qui disparaît rapidement (a, λ_1), en même temps que formation indépendante d'un produit inactif (b, λ_3) qui disparaît très lentement avec émission d'ions.

Des complications du même genre ont été observées par Schmidt, Richardson et Horton avec l'iodure de zinc, le chlorure d'aluminuim, les chlorure, bromure et iodure de cadmium, le sulfate de sodium, l'iodure de calcium, etc. dans l'azote, ou l'air. Sheard a étudié en détail à ce point de vue l'iodure de cadmium. Il est à peu près hors de doute que les variations compliquées en fonction du temps que l'on observe dans beaucoup de cas sont dues à des réactions chimiques, mais la nature exacte de ces réactions reste encore bien douteuse. Dans le cas de l'iodure de cadmium par exemple, le rôle de la vapeur d'eau, même à l'état de traces, est nettement établi; il est également probable qu'il se forme des quantités appréciables d'un sous-iodure mal connu, dont la présence influe fortement sur l'émission. Enfin il ne faut pas oublier que la sensibilité extrême de la méthode électrométrique pour déceler la mise en liberté de charges extrêmement faibles ne facilite pas l'interprétation des expériences. Certains sels chimiquement purs du commerce, dont la pureté a été contrôlée par des procédés chimiques délicats, peuvent retenir malgré cela des traces de sels étrangers suffisantes pour modifier très notablement l'allure de leur émission thermionique. Un exemple très frappant est fourni par le phosphate d'aluminium. J. J. Thomson a trouvé un échantillon de ce sel beaucoup plus actif que les autres, ce qui semble impliquer la présence d'une impureté accidentelle. Richardson, supposant que l'impureté pouvait être un sel alcalin (voir plus loin), a préparé par synthèse un échantillon de phosphate d'aluminium aussi exempt que possible d'alcali. Son émission positive s'est en effet trouvée très faible. Après quelques minutes de chauffe, elle était tombée à une valeur 150 fois plus petite que l'émission du phosphate d'aluminium « pur » de Kahlbaum. On peut même se demander si, dans beaucoup de cas analogues à celui-là, l'émission observée ne serait pas due entièrement à une trace d'impureté très active, qui serait susceptible de diparaître plus ou moins facilement au cours du temps par distillation ou par tout autre mécanisme.

3. Variations avec la température. — Les remarques qui précèdent et particulièrement les variations de l'émission avec le temps rendent assez difficile l'étude des variations avec la température. Cette étude a pu être faite néanmoins dans plusieurs cas, et elle a montré que la loi de Richardson est toujours satisfaite. Tel est par exemple le cas pour le phosphate d'aluminium (Garrett), pour l'iodure de cadmium (Schmidt), pour les iodures de calcium et de strontium ainsi que pour le fluorure de calcium (Richardson), pour les iodures de cadmium et de zinc, ainsi que pour le bromure de zinc (Kalandyk). Pour l'iodure de zinc dans l'air sous 2,5 mm. de pression, Garrett a trouvé que, à la température de 250 degrés, les constantes de la formule de Richardson changeaient brusquement de valeur, par suite probablement d'un changement dans la substance active. Les constantes b des formules de Richardson sont comparables comme grandeur à celles que l'on rencontre dans l'émission positive des métaux, et plus petites que celles qui correspondent à l'émission électronique.

4. Influence de la pression et de la nature du gaz. — Cette influence est des plus complexes, et nous renverrons pour l'exposé détaillé des faits au livre de Richardson, ou mieux, aux mémoires originaux.

En ce qui concerne l'influence de la pression, on peut dire qu'en général, quand on augmente la pression à partir des valeurs les plus faibles, on observe un accroissement de courant positif, puis, après un maximum très net, une diminution plus lente que l'accroissement initial. La position du maximum dépend de la température et aussi, bien entendu, de la nature du sel. L'effet observé ne peut d'ailleurs pas être attribué à une ionisation par chocs. Il a été constaté sur le phosphate d'aluminium (Garrett), sur les phosphates de sodium et de lithium (Horton) [1], sur le sulfate de sodium (Richardson) [2]. Horton a étudié avec un soin particulier le phosphate d'aluminium ainsi que l'orthophosphate et le pyrophosphate de sodium.

Richardson, au lieu de chauffer les sels électriquement sur une lame de platine, les a chauffés dans un tube de platine assez long contenant une électrode axiale. Il a constaté ainsi que le mode de chauffage avait la plus grande influence sur les résultats observés. Les courbes de variation du courant avec la pression qu'il a obtenues avec les sulfates de sodium, de glucinium, de baryum, et avec le phosphate d'aluminium, diffèrent tout à fait de celles qui avaient été publiées antérieurement. Il est probable que les actions chimiques entre le sel ou ses vapeurs et les électrodes sont beaucoup plus marquées dans ce montage que dans le montage classique. La question est encore loin d'être éclaircie complètement.

5. Nature des ions émis. — La question de la nature chimique des ions émis par les sels chauffés est évidemment, comme dans le cas des métaux, une des plus importantes que l'on puisse se poser. Pour la résoudre, on sera amené, ici encore, à la mesure du rapport e/m de la charge à la masse des particules émises, mesure qui se fait par les méthodes indiquées précédemment (voir le chapitre VIII). On obtiendra ainsi la masse atomique électrique M des ions.

Les mesures ont été faites pour la première fois sur un assez grand nombre de sels alcalins dans le vide par Richardson [3], en employant la méthode des fentes (p. 77). Les sels étudiés ont été les sulfates de lithium, sodium, potassium, rubidium et caesium. Le résultat essentiel, qui a été mis hors de doute par un très grand nombre d'essais, est que les ions positifs émis

(1) HORTON, *Proc. Cambr.*, 16, p. 89, 1910 ; 16, p. 318, 1911 ; *Proc. Roy. Soc.*, 88, p. 117, 1913.

(2) RICHARDSON, *Phil. Mag.*, 22, p. 676, 1911.

(3) RICHARDSON, *Phil. Mag.*, 20, p. 981 et 999, 1910.

sont des *atomes métalliques chargés*. Ces atomes peuvent, dans certains cas, appartenir à un autre métal que celui du sel, à cause de la présence d'impuretés très actives. Ainsi, dans le cas du sulfate de lithium, on observe, pendant les premières heures de chauffe, des ions de masse atomique électrique voisine de 40, probablement des ions potassium. Mais, dans la plupart des cas, et même dans tous les cas si la chauffe est suffisamment prolongée, les ions obtenus paraissent être ceux du métal qui constitue le sel. Le tableau suivant, dans lequel sont réunis l'ensemble des résultats, met le fait nettement en évidence. Les nombres des deux dernières colonnes diffèrent de quantités moindres que les erreurs expérimentales possibles. Les ions émis sont donc bien ceux du métal qui forme le sel.

SUBSTANCE	DURÉE DE CHAUFFE EN HEURES	M OBSERVÉS	M MOYEN	MASSE ATOMIQUE DU MÉTAL.
SO^4Li^2	12	5,5	6,2	7,00
	44	5,57		
	52	7,43		
SO^4Na^2	8	23,4	22,5	23,0
	24	22,5		
	13	22,0		
	15	22,0		
SO^4K^2	0	37,0	36,5	39,0
	6	37,0		
	24	37,0		
	36	35,5		
	42	36,3		
	60	36,3		
SO^4Rb^2	—	96	96	85,5
SO^4Cs^2	0	95	110	132,8
	18	163		
	23	163		

Une étude complète des sels alcalinoterreux a été faite par Richardson et surtout par Davisson ([1]). Il semble bien qu'ici encore les ions émis appartiennent en général au métal du sel. Un fait très intéressant est que, dans aucun cas, il n'a été obtenu d'ions divalents, contrairement à ce qui arrive dans l'électrolyse avec les métaux de ce groupe : tous les ions observés sont des atomes métalliques chargés qui ne portent qu'une seule **charge**

(1) DAVISSON, *Phil. Mag.*, 23, p. 121 et 139, 1912.

élémentaire. Dans le cas des sels de baryum (sulfate, chlorure et fluorure) et de strontium (sulfate, chlorure, fluorure et iodure), la nature chimique des ions émis ne peut soulever aucun doute, bien que l'on ait observé dans certains cas une émission d'ions potassium superposée à l'autre : la masse atomique du potassium est en effet trop différente de celle de ces deux métaux pour qu'une confusion soit possible. Le cas des sels de calcium est plus litigieux, car les poids atomiques du calcium (40,1) et du potassium (39,1) sont très voisins. La même difficulté se présente pour le magnésium (poids atomique 24,3), lorsqu'il s'agit de le distinguer du sodium (poids atomique 23,0). Dans tous les cas on peut affirmer qu'ici encore il n'y a jamais émission d'ions Ca ou Mg doublement chargés.

Les sels de zinc ont fourni le seul exemple observé jusqu'à présent d'ions

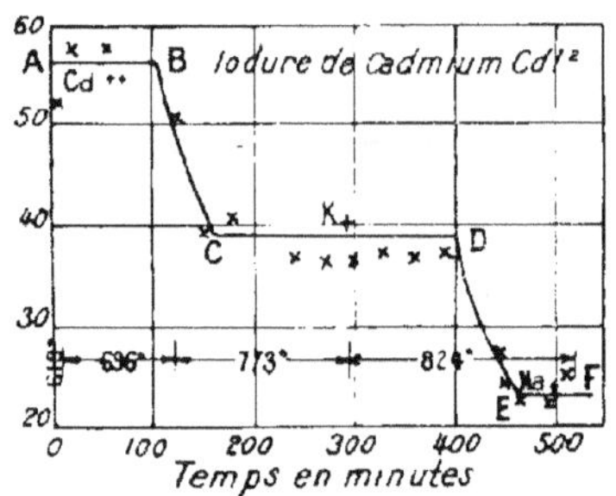

Fig. 19.

polyvalents. Le poids atomique du zinc étant 65,4, le poids atomique électrique doit avoir précisément cette valeur si les ions sont monovalents et une valeur moitié moindre (32,7) si les ions sont divalents. Or l'iodure de zinc conduit, au début de la chauffe, à des nombres compris entre 28,8 et 34,2.

La valeur de la masse atomique des ions émis varie quelquefois en fonction du temps de chauffe d'une manière très nette. On en trouve un exemple dans le cas de l'iodure de cadmium qui a fourni les résultats rassemblés sur la figure 19. On a représenté en abscisses les temps comptés en minutes, en ordonnées les valeurs de la masse atomique électrique M. On a de plus marqué sur la figure les températures successives auxquelles le sel a été porté au cours de l'expérience : on voit que cette température a été progressivement élevée. C'est là une précaution rendue nécessaire par la décroissance régulière des effets au cours du temps. On voit que, dans les débuts de la chauffe, les ions émis sont des ions cadmium. A la longue ceux-ci sont remplacés par des ions potassium, puis par des ions sodium. Ces derniers proviennent d'impuretés alcalines mélangées au sel principal.

Les sels des autres familles de métaux donnent des résultats moins nets. Beaucoup d'entre eux paraissent émettre surtout des ions potassium ou sodium, sans doute parce que l'activité thermionique des impuretés alcalines l'emporte de beaucoup sur l'activité propre de ces sels. Tel est le cas de nombreux sels de fer, d'aluminium, d'argent, de plomb, de cuivre, etc.

On a vu plus haut (Chapitre IV) que la présence d'une petite quantité de gaz dans l'ampoule où l'on fait les expériences thermioniques peut provoquer un accroissement sensible de l'émission. On peut se demander si malgré cela la nature des ions positifs émis reste la même ou si le gaz intervient pour la modifier. Comme l'a montré Davisson, c'est la première alternative qui est la vraie. Le corps étudié a été le phosphate d'aluminium qui émet surtout des ions sodium. La masse atomique-électrique des ions ne paraît pas changer quand on introduit dans l'ampoule du gaz carbonique, de l'air ou de l'hydrogène, et cela jusqu'à la limite des pressions utilisables. Ces pressions sont d'ailleurs peu élevées à cause des perturbations qui proviennent de l'ionisation par chocs (1,4 mm. pour l'hydrogène, etc.).

6. Mobilités des ions émis par les sels chauffés. — La mesure des mobilités des ions émis par les sels chauffés fournit un nouveau moyen de connaître leur nature. Malheureusement ce moyen est d'un emploi beaucoup moins efficace que le précédent, parce que les mesures se font d'ordinaire en entraînant les ions par un courant gazeux et en les étudiant ensuite à une température beaucoup plus basse que celle de leur production. Cette méthode a été employée par Garrett et Willows et développée surtout par Moreau. Parmi les résultats intéressants obtenus par cet auteur nous signalerons surtout le fait que les mobilités observées quand on abaisse suffisamment la température du gaz entraîné deviennent de plus en plus faibles et tendent finalement vers celles des « gros ions » du phosphore. Il est donc très vraisemblable que les ions émis par le sel s'alourdissent peu à peu en s'entourant d'agglomérations matérielles relativement importantes, de sorte que la mesure des mobilités ne donne que des renseignements très indirects sur la nature chimique des ions initiaux.

Nous n'insisterons pas ici sur cette question qui se rattache trop étroitement à d'autres sujets étrangers à notre étude (étude des gros ions et conductiblité des gaz de flamme).

Pour conclure l'étude de l'émission thermionique des sels chauffés, on peut remarquer d'abord que les sels les plus actifs sont ceux des métaux les plus électropositifs, c'est-à-dire des métaux alcalins. Parmi ceux-ci, l'activité croît avec le poids atomique du métal constituant. L'activité des métaux alcalins est telle que, dans beaucoup de cas, la présence d'une impureté alcaline masque complètement l'émission propre du sel, si celle-ci existe. Enfin, malgré certaines différences, on ne saurait manquer d'être frappé des analogies qui existent entre l'émission thermionique des sels chauffés et l'émission positive des métaux chauffés. Celle-ci aussi est due souvent, comme on l'a vu, à des impuretés alcalines, et il est fort possible que dans certains cas, les deux phénomènes doivent être confondus et ramenés à une cause unique.

CHAPITRE X

APPLICATION A LA MESURE DES VIDES ÉLEVÉS
ET AU REDRESSEMENT DES COURANTS ALTERNATIFS

1. Introduction. — Les phénomènes thermioniques, et surtout l'émission électronique dans le vide, ont déjà reçu un grand nombre d'applications pratiques. Quelques-unes d'entre elles ont même pris une telle ampleur qu'elles donnent lieu actuellement à des fabrications industrielles, et il est probable que ce mouvement n'en est qu'à son début.

Parmi ces applications nous citerons :

1° Certains perfectionnements apportés à la théorie de l'arc électrique, et qui ont entraîné dans plusieurs cas des améliorations pratiques appréciables.

2° Le tube Coolidge pour la production des rayons X, qui utilise l'émission électronique pure dans un vide complet, et représente actuellement la meilleure source de rayons X que nous connaissions.

3° Les lampes à trois électrodes (audions, pliotrons, dynatrons, etc.) dont l'emploi en télégraphie sans fil et en téléphonie sans fil s'est tellement répandu depuis quelques années, et qui ont permis d'améliorer l'émission et la réception à tel point, que l'on peut qualifier leur apparition de véritable révolution ; d'ailleurs leur rôle comme instrument d'étude et de mesure dans les diverses autres applications de l'électricité parait appelé à grandir sans cesse.

4° La mesure des vides très élevés, au moyen des jauges dites « à ionisation », qui permettent l'étude quantitative des gaz les plus raréfiés que puissent fournir les pompes à vide modernes.

5° Le redressement des courants alternatifs, par l'utilisation du caractère unipolaire des phénomènes thermioniques.

Nous n'entreprendrons pas ici l'étude des trois premières applications qui ont toutes été décrites dans d'autres rapports (¹). Nous nous contenterons d'étudier les deux dernières des applications signalées, c'est-à-dire la mesure des vides élevés et le redressement des courants alternatifs. Cette dernière application surtout est une de celles qui ont été proposées les premières, et qui se présente le plus immédiatement à l'esprit. Aussi a-t-elle reçu depuis vingt ans de vastes développements.

2. **Jauges à ionisation**. — Les vides de l'ordre du millième de mm. de mercure et même du dix millième de mm. peuvent être mesurés par la méthode classique de la jauge de Mac Leod, si toutefois on ne tient pas compte de la pression propre de la vapeur de mercure (qui est précisément de l'ordre du micron à la température ordinaire). — Or nous avons vu plus haut que les phénomènes thermioniques peuvent être altérés profondément par l'introduction dans l'ampoule en expérience d'un gaz sous une pression comparable à 1 micron de mercure, et les progrès de la technique du vide permettent aujourd'hui d'atteindre des pressions 100 fois, 1.000 fois, et même 10.000 fois inférieures. Il est donc devenu nécessaire non seulement de réaliser ces vides très élevés, mais de les mesurer par des méthodes nouvelles et suffisamment sensibles.

Plusieurs de ces méthodes fondées sur les propriétés moléculaires des gaz raréfiés (viscosité et conductibilité thermique) sont étrangères à notre étude (²). Mais il en existe une autre qui utilise précisément la sensibilité des phénomènes thermioniques aux traces de gaz et que nous allons décrire sommairement.

Nous avons déjà vu (p. 62) qu'en plaçant dans une ampoule un filament de tungstène incandescent entouré d'une électrode froide, la présence d'une trace de gaz peut être décelée par l'étude attentive de la forme de la courbe de saturation (dans une partie de la région intermédiaire qui correspond à la loi de la puissance 3/2). La mise en évidence d'une trace de gaz devient beaucoup plus facile en introduisant dans l'ampoule une seconde électrode froide. On a alors un tube à trois électrodes : 1° le filament incandescent ; 2° un second filament froid formant grille autour du premier ; 3° un cylindre (ou plaque) entourant lui-même la grille. Ces tubes à trois électrodes, qui ont rendu de si grands services en télégraphie sans fil, se montrent ici aussi supérieurs aux simples tubes à deux électrodes.

Leur adaptation à la mesure des vides élevés, proposée d'abord par

(1) Voir pour l'application à l'arc électrique, le rapport de M. Maurice Leblanc fils ; pour le tube Coolidge, le rapport de M. De Broglie ; pour les lampes à trois électrodes, le rapport de M. Guttou.

(2) Voir à ce sujet le rapport de M. Dunoyer sur *la Technique du vide*.

Buckley [1] a été perfectionnée par Dushman et Found [2]. Ces derniers emploient une grille en fil de tungstène, une plaque en molybdène. Pour la mesure d'une pression inférieure à 1 micron de mercure (1 barye environ) le filament incandescent émet de 10 à 20 milliampères de courant électronique. La grille est portée à $+$ 250 volts environ. La plaque est à $-$ 20 volts par rapport à la grille. Si le vide est parfait, aucune ionisation par chocs ne se produit entre grille et plaque malgré l'énergie cinétique notable des électrons projetés par le filament, et la plaque ne recueille aucun courant. Si au contraire l'ampoule contient une trace de gaz, les ions positifs produits par les chocs des électrons parviendront à la plaque, et le courant entre grille et plaque permettra de mesurer le degré de vide.

Le gaz choisi pour l'étalonnage a été l'argon. On a vérifié par comparaison avec d'autres méthodes la proportionnalité des courants aux pressions dans l'intervalle de 50 baryes à 0,001 barye. Aux pressions plus faibles on admet la validité de la même loi linéaire. — L'étalonnage conduit d'ailleurs à des résultats analogues avec les gaz suivants : azote, vapeur de mercure, oxyde de carbone, hydrogène, vapeur d'eau.

La nécessité d'un étalonnage pour connaître le coefficient de la loi linéaire représente une complication inhérente à la méthode. Mais la sensibilité atteinte saurait difficilement être dépassée à l'heure actuelle.

3. Redressement des courants alternatifs. — Comme nous l'avons signalé dans l'introduction (p. 8), c'est Fleming qui a songé d'abord à utiliser l'effet Edison pour le redressement des courants alternatifs. On sait en effet que dans un bon vide, un filament incandescent porté à température suffisamment élevée n'émet pratiquement que des électrons négatifs sans aucune charge positive. Si donc on établit une différence de potentiel alternative entre le filament et une électrode froide placée dans le voisinage, il passera un courant dans le vide pendant la phase du courant pour laquelle le filament est à un potentiel plus bas que l'électrode froide. Le courant s'annulera au contraire pendant la phase opposée. Pendant la première phase le courant est transporté par des électrons émis par le filament et se dirigeant vers l'électrode auxiliaire : c'est un courant d'électricité négative. Ce courant équivaut à un courant d'électricité positive qui se dirigerait en sens inverse, c'est à-dire vers le filament. Aussi, si on place un appareil de mesure des courants continus sur le circuit extérieur, cet appareil indiquera un courant qui, à travers l'ampoule, irait de l'électrode

[1] BUCKLEY, *Proc. Nat. Acad. Science* 2, p. 683, 1917.
[2] DUSHMAN et FOUND, *Phys. Rev.* 15, p. 133, 1920.

froide au filament : son sens est le même que si on le produisait au moyen d'une batterie d'accumulateurs dont le pôle négatif serait relié au filament. Il est d'ailleurs intermittent puisqu'il ne passe que pendant la moitié de chaque période, et l'instrument de mesure indiquera en général sa valeur moyenne.

Il est intéressant de rappeler que Fleming a entrevu dès le début le rôle que ce redresseur ou « valve de Fleming » pourrait être appelé à jouer en télégraphie sans fil. La détection en T. S. F. consiste en effet dans le redressement du courant alternatif capté par l'antenne de réception, et les redresseurs thermioniques bien construits fonctionnent avec autant de sécurité pour les courants très faibles et à très hautes fréquences de la télégraphie sans fil que pour les courants alternatifs plus intenses ou de fréquences beaucoup plus basses que l'on rencontre généralement dans les applications industrielles. Nous ne développerons pas cette application ici, puisque le rôle des ampoules thermioniques comme détecteurs n'a pris la grande ampleur que l'on sait qu'après la découverte des lampes à trois électrodes, et que le fonctionnement de ces lampes fait l'objet du rapport de M. Gutton. Nous nous contenterons de l'étude des ampoules à deux électrodes seulement, qui ne peuvent être utilisées que comme redresseurs de courants alternatifs, et nous les étudierons surtout dans le cas très important de l'émission électronique pure.

Ce sont les physiciens américains qui ont fabriqué les premiers pour certains besoins pratiques des redresseurs à courants alternatifs fondés sur l'emploi de l'émission électronique pure dans un vide très élevé. Ils ont proposé de leur donner le nom de « kénotrons », pour rappeler leur propriété caractéristique qui est de fonctionner sous un vide rigoureux. Nous utiliserons cette expression commode, et nous étudierons avec quelques détails le mode de fonctionnement de ces appareils.

4. Le kénotron. Données numériques. — Pour fixer les idées, nous supposerons, ce qui est généralement le cas, que l'électrode incandescente, chauffée par une source indépendante du courant à redresser, est un filament de tungstène. Si le vide a été fait avec toutes les précautions précédemment signalées, l'émission électronique du tungstène satisfera à la loi de Richardson $i = a\sqrt{Te} - \frac{b}{T}$ et les coefficients a et b de la formule qui exprime cette loi auront comme valeurs numériques [1].

$$a = 23,6 \times 10^{11} \qquad b = 52.500$$

[1] Voir les nombres de la page 31.

à condition de mesurer les courants électroniques en milliampères par centimètre carré. On peut au moyen de cette formule calculer a priori les courants électroniques qu'il sera possible d'obtenir avec un filament de surface connue, aux diverses températures. Le tableau suivant ([1]) a été calculé de cette manière.

T abs.	i/cm³
2000	4,2 milliampères
2100	15,1
2200	48,3
2300	137,7
2400	364,8
2500	891,0
2600	2044,0

Le choix du filament incandescent est guidé par des considérations de commodité de fabrication, de dépense d'énergie auxiliaire pour le porter à l'incandescence, et aussi, comme on le verra, de résistance mécanique. La température à laquelle le filament sera porté doit être choisie de telle sorte que le courant électronique soit aussi intense que possible sans que la vie du filament devienne trop courte. En pratique, quel que soit le diamètre du filament, il y a généralement avantage à ne pas trop dépasser la température de 2.500 degrés absolus, si on veut prolonger la vie du filament au dela de 1.000 heures. Dans ces conditions, avec les filaments usuels, qui ont de quelques centièmes à quelques dixièmes de mm. de diamètre, on obtiendra des émissions électroniques s'échelonnant depuis quelques milliampères jusqu'à quelques centaines de milliampères.

Les kénotrons construits jusqu'à présent sont de plusieurs types différents : les uns sont destinés au redressement des tensions alternatives relativement faibles de 2.000 à 10.000 volts, et débitent sous ces tensions des courants qui vont de 10 ou 15 milliampères à 400 milliampères. Les autres sont adaptés à des tensions alternatives beaucoup plus élevées, pouvant aller jusqu'à 100.000 volts, et ils peuvent, sous ces tensions, débiter jusqu'à 100 milliampères. Ces derniers appareils seront particulièrement commodes pour alimenter, avec l'aide d'un condensateur approprié, les tubes Coolidge à grande puissance rayonnante. Les autres sont susceptibles d'une foule d'applications : alimentation des tubes de Geissler, etc. Nous verrons que, si l'on veut redresser par voie thermionique des courants alternatifs supé-

<hr>

[1] DUSHMAN, *General Electric Review*, 18, p. 156, 1915.

rieurs à quelques dixièmes d'ampère, les kénotrons doivent être remplacés par des tubes contenant un gaz convenablement choisi.

5. Forme de la courbe du courant redressé. — Proposons-nous de faire l'étude des propriétés caractéristiques d'un kénotron. A cet effet, admettons que l'électrode incandescente soit maintenue à sa température de fonctionnement normal. Si l'on applique au kénotron une tension que nous allons d'abord supposer continue et telle que l'électrode froide soit à un potentiel plus élevé que le filament, on pourra, en faisant croître la tension, construire la courbe de saturation. Nous savons que cette courbe commence par une portion ascendante, qui satisfait à la loi de la puissance 3/2.

$$(29) \qquad i = k V^{\frac{3}{2}}$$

et qui est suivie par la phase de saturation à courant constant. L'expérience a montré qu'avec les types de kénotrons réalisés jusqu'ici, la constante k

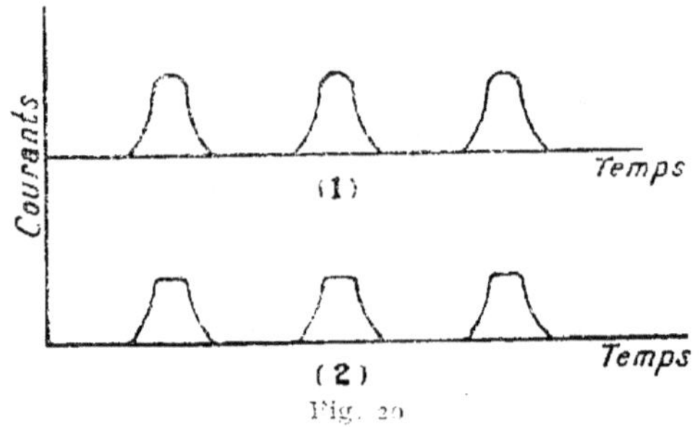

Fig. 29

de la formule précédente est comprise entre 5×10^{-4}, pour les kénotrons pour tensions très élevées, jusqu'à 250×10^{-4} pour les kénotrons pour tensions plus basses. En d'autres termes, pour une chute de tension de 100 volts dans le kénotron, le courant débité varie de 5 à 250 milliampères, si l'on suppose que pour cette tension la saturation ne soit pas encore atteinte. On a d'ailleurs pu s'assurer que ces valeurs de la constante k sont en bon accord avec les valeurs prévues par la théorie (voir la formule 25 de la page 51), dans les cas où la forme des électrodes rend le calcul théorique possible.

On peut dès lors prévoir quelle sera la forme des courants redressés par le kénotron. Si, pour préciser, nous appliquons une tension alternative sinusoïdale, et si la tension maximum aux bornes reste insuffisante pour saturer le courant, celui-ci continuera à satisfaire pendant toute la durée du redressement à la loi de la puissance 3/2. On aura donc, comme courbe du courant redressé, une courbe analogue à la courbe 1 de la figure 20. Pendant les demi-périodes où le potentiel du filament est plus élevé que celui de l'électrode froide, le courant est nul, pendant les autres demi-périodes, il varie proportionnellement à la puissance 3/2 des ordonnées de la sinusoïde des tensions.

Si au contraire, au cours des alternances, la tension aux bornes du kénotron devient suffisante pour atteindre et dépasser la saturation, la courbe de courant redressé sera analogue à la courbe 2 de la figure 20. Les portions montantes et descendantes, pendant lesquelles la saturation n'est pas atteinte, continuent à satisfaire à la loi de la puissance 3/2. Mais elles sont séparées par un palier horizontal qui correspond à la phase de saturation. Ce second cas correspond, en général, à un type de fonctionnement moins avantageux que le précédent : ce dernier doit être regardé comme le type de fonctionnement normal.

Ces prévisions relatives aux courbes de courant des kénotrons ont été entièrement vérifiées par l'expérience. On en trouvera des exemples frappants dans le mémoire de Dushman déjà cité. Cet auteur a tracé, avec l'aide d'un oscillographe, les courbes donnant les tensions appliquées aux bornes d'un kénotron ainsi que les courbes du courant redressé, en opérant avec une tension industrielle de 60 périodes par seconde. Les tracés obtenus confirment dans leurs moindres détails les prévisions de la théorie.

6. Chute de tension dans le kénotron. — Proposons-nous maintenant d'étudier l'importante question de la chute de tension dans le kénotron, question liée étroitement à celle du rendement. Pour fixer les idées, nous prendrons l'exemple d'un kénotron pour tube Coolidge, destiné au redressement d'une tension alternative de 100.000 volts, et pour lequel la constante k de la formule (29) aurait la valeur 100.10^{3}. Supposons enfin que le courant maximum que ce kénotron puisse débiter soit de 100 milliampères : la puissance fournie est à ce moment de 10 kilowatts; il n'est guère possible d'aller au delà à l'heure actuelle.

Remarquons d'abord que, d'après la formule (29), tant que le courant maximum de 100 milliampères ne sera pas atteint, la tension aux bornes du kénotron ne dépassera pas 100 volts. Si, par suite du fonctionnement du circuit d'utilisation, la tension aux bornes du kénotron vient à dépasser cette valeur, la loi de la puissance 3/2 cessera d'être applicable, l'augmentation de tension ne sera accompagnée d'aucune augmentation de courant. Il y aura seulement accroissement de la puissance dépensée dans le kénotron lui-même, sans aucun accroissement de la puissance utilisée dans le circuit extérieur. En d'autres termes le rendement diminuera. Il y a donc avantage à maintenir les conditions de fonctionnement du circuit extérieur dans des limites telles que la tension aux bornes du kénotron ne dépasse pas 100 volts et que la loi de la puissance 3/2 lui reste applicable : ce sont là les conditions normales de fonctionnement, ainsi qu'il a déjà été dit plus haut, et on cherche à s'en écarter le moins possible.

Pour préciser, supposons que le circuit de l'alternateur à haute tension, dont il s'agit de redresser le courant, contienne, en plus du kénotron précédent, une résistance élevée placée en série que nous appellerons la résistance d'utilisation. Nous désignerons par E la force électromotrice de l'alternateur, par R la résistance d'utilisation, vis-à-vis de laquelle la résistance intérieure de l'alternateur sera tout à fait négligeable. Comme, d'après la loi d'Ohm, la chute de potentiel le long de la résistance d'utilisation est $i\,R$, la tension aux bornes du kénotron est

$$V = E - i\,R$$

et la formule (29) montre que, si cette tension ne dépasse pas 100 volts, elles est reliée au courant par la formule

$$i^{\bullet} = k\,(E - i\,R)^{\frac{3}{2}}.$$

On déduit de là que, si l'on diminue progressivement la résistance d'utilisation, le courant débité augmente. Il arrive ainsi à sa valeur de saturation de 100 milliampères. Si, à ce moment, on continue à diminuer R, le courant i ne peut plus augmenter, la formule précédente cesse d'être applicable, et la tension aux bornes du kénotron croît progressivement au delà de la valeur qui correspond à la saturation. En fait, toute la fraction de la tension de l'alternateur qui n'est pas absorbée par la résistance d'utilisation se reporte d'elle-même aux bornes du kénotron. Si on laisse ce phénomène prendre une ampleur excessive, si par exemple, par suite d'une fausse manœuvre, la résistance d'utilisation vient à être court-circuitée, toute la tension de la source se reporte sur le kénotron, et par suite toute la puissance de la source se dépense sous forme de chaleur dans le kénotron. Il en résulte en général la fusion ou tout au moins la détérioration de l'anode, puisque la puissance mise en jeu dans l'exemple adopté est de 10 kilowatts. C'est là un inconvénient assez grave. Pour y parer, il est nécessaire de prévoir un dispositif de sûreté qui, en cas de court-circuit accidentel, coupe le courant avant que la tension aux bornes du kénotron n'ait pu prendre une valeur dangereuse.

La question du rendement d'un kénotron se rattache très étroitement aux considérations précédentes. La puissance perdue dans le kénotron est en effet donnée par

$$W = V\,i = k\,V^{\frac{5}{2}}$$

tant que le fonctionnement est normal. Dans notre exemple cette puissance est au maximum de 100 volts $\times$ 100 milliampères, soit 10 watts. À cette puissance employée à chauffer l'anode (puisqu'elle est transportée par les électrons qui viennent frapper l'anode et sont absorbés par elle), il faut ajouter la puissance nécessaire pour chauffer le filament avec une batterie d'accumulateurs auxiliaires. Le courant de chauffage du filament varie, suivant les modèles de kénotrons, de 2 à 10 ampères, et il est débité par des batteries d'une dizaine de volts. La puissance ainsi dépensée sous forme de chaleur dans le filament est de l'ordre d'une centaine de watts ; mais il faut remarquer que, par suite du rayonnement du filament, une partie de cette chaleur pourra se transporter aussi sur l'anode. De toute façon, tant que le fonctionnement reste normal, le rendement de l'appareil reste excellent : dans l'exemple étudié, il est de 99 % environ (100 watts perdus sur 10 kilowatts). Si l'on s'écarte des conditions normales de fonctionnement, non seulement le rendement diminue, mais, comme on l'a vu, le chauffage exagéré de l'anode peut devenir dangereux pour l'appareil. De plus, quand l'anode, qui est construite en un métal réfractaire pour parer en partie au danger, arrive à une température trop élevée, elle devient à son tour une source d'électrons : le courant cesse d'être unipolaire et le redressement devient de moins en moins parfait. Par contre, tant que le fonctionnement reste normal, il reste aussi satisfaisant à toute fréquence : les redresseurs à électrons paraissent entièrement dénués d'inertie même quand les fréquences deviennent de l'ordre de celles que l'on utilise en télégraphie sans fil.

7. Effets électrostatiques dans le kénotron. — Dans les kénotrons actuellement existants, on a vu que les tensions alternatives mises en jeu sont toujours élevées, et se chiffrent par milliers ou par dizaines de milliers de volts. Ces tensions paraissent au premier abord peu dangereuses au point de vue de leurs actions statiques, puisque, dans le fonctionnement normal la tension aux bornes des kénotrons les plus puissants ne dépasse pas quelques centaines de volts. Mais il ne faut pas oublier que ce fonctionnement est intermittent, et qu'à chaque alternance du courant alternatif le courant ne passe que pendant une demi-période. C'est pendant cette demi-période, que l'on peut appeler la demi-période utile, que les raison-

nements précédents sont applicables, et que la tension aux bornes tombe
à quelques centaines de volts. Pendant l'autre demi-période, que l'on peut
appeler demi-période de repos, le courant tombe à zéro. Aucune puissance
n'est dépensée à ce moment dans l'appareil, mais par contre il se comporte
comme une résistance infinie, ce qui veut dire que toute la tension de la
source se trouve reportée aux bornes du kénotron. Ainsi, pendant chaque
période du courant alternatif, la tension aux bornes du kénotron, passe
régulièrement d'une valeur de l'ordre des centaines de volts à une valeur
de l'ordre des dizaines de milliers de volts. Comme les attractions électrostatiques qui s'exercent entre deux conducteurs varient proportionnellement
au carré de leur différence de potentiel, il en résulte que les efforts mécaniques

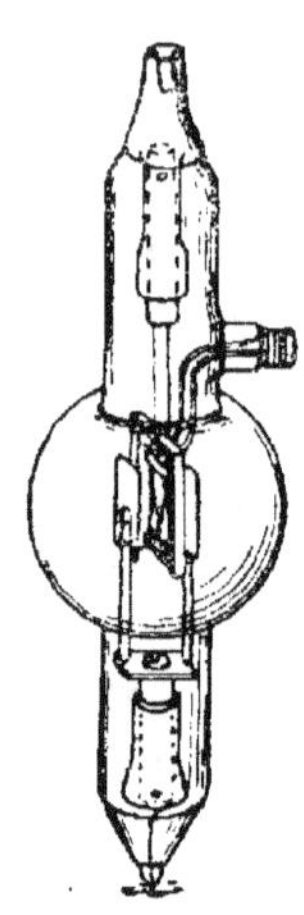

exercés sur le filament pendant la demi-période de repos
ne sont nullement négligeables. Si le filament est trop
fin ou insuffisamment soutenu, il se met à vibrer avec
une fréquence qui est celle du courant que l'on redresse,
et il peut en résulter une détérioration rapide ou même
une rupture du filament. Aussi a-t-on été amené, surtout dans les kénotrons pour hautes tensions, à rechercher des modes de construction aussi robustes que
possible. La figure 21 représente schématiquement un
modèle de kénotron construit par la General Electric
Company pour l'alimentation des tubes Coolidge : le filament, assez rigide par lui-même, a reçu la forme d'un V et
est maintenu par un cadre destiné à accroître sa résistance mécanique.

Fig. 21

8. Montages utilisés pour le redressement. — Les montages que l'on peut employer pour redresser un courant
alternatif avec un kénotron varient avec l'application que l'on a en vue
et sont assez nombreux.

Dans beaucoup de cas on se contente de relier la source alternative
aux bornes d'un condensateur d'assez grande capacité, en intercalant le
kénotron sur l'un des deux fils de connexion. Le condensateur se charge
peu à peu jusqu'à ce que la différence de potentiel aux bornes devienne
égale à la force électromotrice maximum de la source ([1]). Si le condensateur
a un isolement suffisant, le courant débité s'annule alors ou plutôt se réduit
à la valeur nécessaire pour compenser les pertes du condensateur. Le conden-

([1]) Cette source peut être, bien entendu, le circuit secondaire d'un transformateur
statique à courants alternatifs.

sateur pourra à son tour servir de source continue à haute tension, et cette source conservera une force électromotrice constante et pratiquement peu inférieure à celle de l'alternateur d'alimentation à condition : 1° que le courant qu'on lui demande ne dépasse pas celui que le kénotron débite normalement : 2° que le condensateur ait une capacité suffisante pour que la différence de potentiel aux bornes n'ait pas le temps de baisser d'une manière appréciable pendant la demi-alternance où le kénotron ne débite pas. Cette dernière condition conduit, lorsqu'on désire obtenir des débits de plusieurs milliampères, à des capacités de condensateurs relativement très élevées, par exemple quelques dixièmes de microfarads. De plus l'isolement du condensateur doit être prévu pour supporter la tension élevée de la source

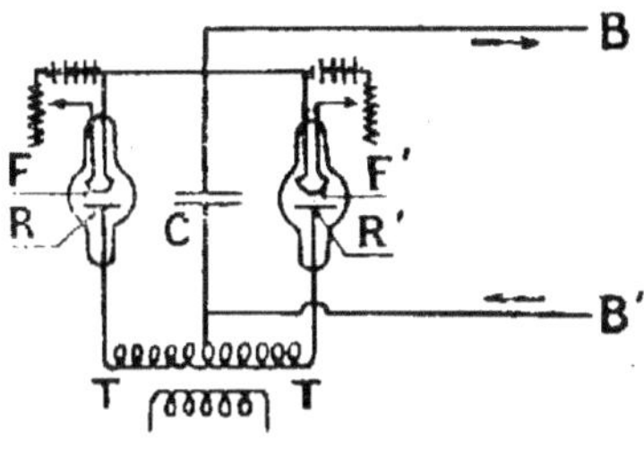

Fig. 22.

d'alimentation. Un montage de ce genre convient par exemple pour alimenter un tube Coolidge à rayons X ou tout autre tube à décharges dans un gaz raréfié.

Le montage précédent a le gros inconvénient de n'utiliser que l'une des deux alternances de la source. Il est avantageux à tout point de vue d'utiliser les deux alternances, ce que l'on peut arriver à faire si on dispose de deux kénotrons, ou, ce qui revient pratiquement presque au même, d'un kénotron à deux anodes disposées symétriquement par rapport à la cathode incandescente. La figure 22 représente le montage que l'on peut adtoper dans le cas où on dispose de deux kénotrons identiques. Les filaments des deux appareils sont supposés chauffés par deux batteries d'accumulateurs indépendantes. La source de courant alternatif est le secondaire d'un transformateur T T, dont le milieu est relié à l'un des fils B du circuit d'utilisation. Les deux bornes du transformateur sont reliées aux anodes des deux kénotrons, dont les cathodes sont connectées l'une et l'autre à l'autre fil B du circuit extérieur. Dans ces conditions, on voit immédiatement que, pendant l'une des alternances, le premier kénotron débite seul, et que c'est au contraire le second qui débite seul pendant l'autre alternance. Le courant redressé dans le circuit extérieur présente encore des variations qui sont fonction de celles de la tension d'alimentation, mais aucune interruption. Pour atténuer les variations et obtenir un courant pratiquement continu, un gros condensateur C sera, ici encore, mis en dérivation aux bornes du circuit d'utilisation. C'est lui qui, en réalité, jouera le rôle de source continue.

Ce montage a encore un inconvénient : il n'utilise, pour chaque kénotron, et par suite pour le circuit extérieur, que la moitié de la tension alternative maximum de la source. On peut arriver à utiliser la tension tout entière en employant un dispositif analogue à celui de la figure 23 dans

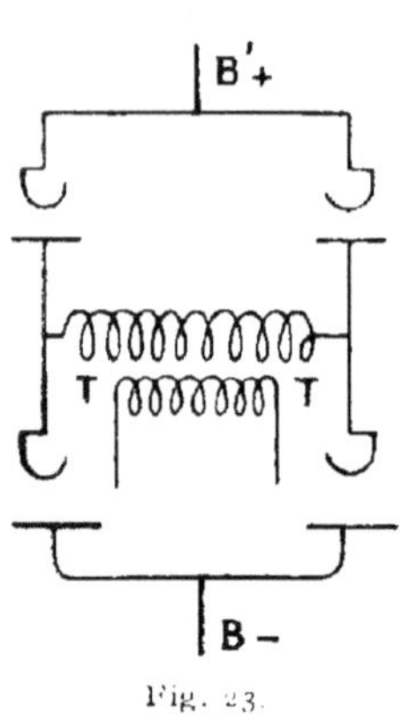

Fig. 23.

laquelle on a représenté le redressement d'un courant alternatif débité par un transformateur au moyen de quatre kénotrons identiques. On n'a pas représenté le condensateur qu'il sera nécessaire d'ajouter aux bornes B B du circuit extérieur si on veut atténuer les variations du courant redressé.

9. Redresseurs à gaz. — Les redresseurs à vide complet ou kénotrons qui viennent d'être étudiés ont l'avantage de permettre une fabrication assez régulière pour que les appareils obtenus soient interchangeables et puissent être mis en parallèle. On peut espérer, par leur intermédiaire, arriver, grâce à des groupements en parallèle, à réaliser des puissances de courants redressés véritablement industrielles, utilisables par exemple pour les transports de force à distance.

Par contre les kénotrons, pris individuellement, ont l'inconvénient de ne permettre qu'un débit limité au plus à quelques centaines de milliampères, sous haute tension il est vrai. Dans certaines applications, le courant alternatif à redresser est à tension beaucoup moins élevée : c'est par exemple un courant industriel à 110 ou à 220 volts. D'autre part on désire obtenir un courant redressé dépassant un ampère et même, si possible, 10 ampères. Un des cas où le problème se pose sous cette forme est celui de la charge des accumulateurs dans les localités où le secteur électrique est alternatif.

On peut encore construire des redresseurs thermioniques satisfaisant à ces nouvelles conditions, mais il devient nécessaire d'introduire dans l'ampoule un gaz de nature et de pression convenablement réglés. La décharge prend alors plus ou moins les caractères d'un arc : elle utilise l'ionisation par chocs, c'est-à-dire que le courant débité augmente beaucoup. Par contre la tension aux bornes baisse considérablement et peut tomber, comme dans les arcs ordinaires, à quelques volts.

Les modèles d'appareils proposés dans cet ordre d'idée sont très nombreux. Comme ils ne diffèrent pas essentiellement des redresseurs à arc ordinaires, par exemple des redresseurs à arc au mercure ([1]), nous n'y insisterons pas très longuement. Nous nous contenterons de décrire un modèle réalisé en Amérique, où il s'est répandu avec une rapidité extraordinaire et où il sert couramment aujourd'hui à la charge des accumulateurs. Il s'agit de la lampe dite « Tungar » ([2]) qui doit son nom à ce que sa cathode incandescente est en tungstène et que le gaz utilisé est l'argon. Un modèle de tungar est représenté sur la figure 24. Le filament de la lampe est un fil de tungstène chauffé par une batterie d'accumulateurs indépendante, ou, mieux, par le courant alternatif lui-même qu'il s'agit de redresser : à cet effet, un petit transformateur réducteur de tension est installé sur le secteur alternatif et son secondaire est relié au filament. L'anode est, suivant les cas, en tungstène, en graphite, ou en un autre matériel réfractaire. Le gaz contenu dans l'ampoule est de l'argon dont la pression à froid est comprise entre 3 et 8 cm. de mercure. L'expérience a montré que, dans ces conditions, la désintégration du filament par le choc des ions positifs est réduite au minimum, tandis que le pouvoir d'émission thermionique du tungstène est intégralement conservé. Ce dernier résultat n'est exact qu'à condition d'utiliser de l'argon parfaitement pur et d'assurer la conservation de sa pureté au cours du temps. A cet effet on introduit dans l'ampoule une substance purificatrice destinée à absorber les traces de gaz actifs (oxygène, etc.) qui pourraient se dégager et à les empêcher de réagir chimiquement sur le filament. Dans les tungars que l'on trouve actuellement dans le commerce, la substance purificatrice est souvent un dépôt de calcium métallique qui recouvre toute la paroi intérieure de l'ampoule.

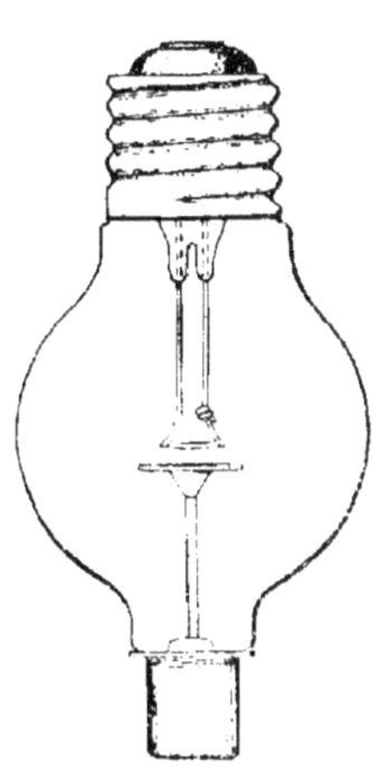

Fig. 24.

Les deux modèles les plus réduits de tungars sont capables, le premier de redresser jusqu'à 2 ampères, le second jusqu'à 6 ampères. Certains modèles ont été construits qui sont capables de redresser plusieurs dizaines d'ampères. Il faut alors une troisième électrode auxiliaire pour amorcer la décharge : c'est ordinairement un petit fil de tungstène incandescent.

([1]) Voir le rapport de M. Maurice Leblanc fils sur l'arc électrique.

([2]) G. S. MEIKLE, *General Electric Review*, 19, p. 297, 1916.

Dans les petits modèles au contraire, on peut souvent, après que l'arc est amorcé et que le fonctionnement est devenu régulier, supprimer le courant de chauffage du filament et par suite la perte de puissance qui en résulte : l'arc dégage en effet par lui-même une chaleur suffisante pour maintenir le filament à l'incandescence. Il a seulement une tendance à se concentrer en une région plus étroite de la cathode, ce qui n'est pas favorable à la vie de la lampe. Normalement ces ampoules ont une durée de vie qui atteint et dépasse 1.000 heures.

CONCLUSION

L'exposé qui précède permet de se rendre compte de l'exactitude des indications qui avaient été données dès le début : l'étude des phénomènes thermioniques, malgré les remarquables progrès théoriques et pratiques qu'elle a accomplis depuis quelques années, est encore en pleine évolution. Les progrès pratiques ont été particulièrement remarquables, et ont permis déjà à des industries importantes de prendre naissance et de se développer : c'est par centaines de milliers que se chiffrent les lampes à deux ou trois électrodes qui ont été construites pour les besoins de la radiographie, de la télégraphie sans fil, du redressement des courants alternatifs, etc. Mais, malgré ces progrès techniques, qui n'ont été rendus possibles que par ceux des études purement scientifiques, le rôle de ces dernières est loin d'être clos. Nous ne sommes encore que très insuffisamment renseignés sur les relations qui existent entre les phénomènes thermioniques et d'autres phénomènes plus anciennement connus (différences de potentiel de contact, phénomènes thermoélectriques, etc.). L'étude de l'émission thermionique dans les milieux gazeux donne également lieu à de très grosses difficultés, et c'est à l'avenir de lever toutes les contradictions expérimentales qui subsistent dans ce domaine. Bien des substances n'ont pas encore été étudiées au point de vue thermionique ou l'ont été insuffisamment. Les études de potentiel d'ionisation et de résonance fondées sur l'emploi des émissions thermioniques est à peine commencée. En un mot, à mesure que le temps s'écoule, ce domaine apparaît comme plus complexe, mais aussi comme plus riche en suggestions théoriques et expérimentales. Aussi peut-on s'attendre à voir ces questions continuer à évoluer avec rapidité et à servir d'aliment aux recherches des physiciens.

TABLE DES MATIÈRES

CHAPITRE V

DISTRIBUTION DES VITESSES ET ÉCHANGES D'ÉNERGIE DANS L'ÉMISSION ÉLECTRONIQUE

CHAPITRE VI

LES COURBES DE SATURATION DANS L'ÉMISSION ÉLECTRONIQUE PURE

CHAPITRE VII

LE ROLE DES GAZ DANS L'ÉMISSION ÉLECTRONIQUE

CHAPITRE VIII

ÉMISSION D'IONS POSITIFS PAR LES MÉTAUX DANS LE VIDE ET DANS LES GAZ

CHAPITRE IX

ÉMISSION D'IONS PAR LES SELS CHAUFFÉS

CHAPITRE X

APPLICATION A LA MESURE DES VIDES ÉLEVÉS
ET AU REDRESSEMENT DES COURANTS ALTERNATIFS

457-22. — IMPRIMERIE " LES PRESSES UNIVERSITAIRES DE FRANCE ". — 179.